昆虫顔面図鑑

海野和男

昆虫顔面図鑑

目次

CONTENTS

006 はじめに

ハチの仲間
[膜翅目]
BEES, WASPS, ANTS

010 ミツバチ
014 クマバチ
018 オオスズメバチ
022 キアシナガバチ
026 ジガバチ
030 クロオオアリ
034 クロナガアリ

アブの仲間
[双翅目]
HORSEFLIES, MOSQUITOES

038 ハナアブ
042 シオヤアブ
046 ヤマトヤブカ

カブトムシの仲間
[甲虫目]
BEETLES

050 ミヤマクワガタ
054 ノコギリクワガタ
058 オオクワガタ
062 カブトムシ
066 アオカナブン
070 シロスジカミキリ
074 コナラシギゾウムシ
078 オトシブミ
082 アカガネサルハムシ
086 ヤマトタマムシ
090 ジョウカイボン
094 アオオサムシ
098 ハンミョウ
102 ゲンゴロウ
106 ナナホシテントウ
110 ゲンジボタル

チョウの仲間
[鱗翅目]
BUTTERFLIES, MOTHS

114 ナミアゲハ
118 モンシロチョウ
122 オオムラサキ
126 ヤママユ
130 カイコ
134 カギシロスジアオシャク

クサカゲロウの仲間
[脈翅目]
LACEWINGS, OWLFLIES

138　オオフトヒゲクロサカゲロウ
142　キバネツノトンボ

シリアゲムシの仲間
[シリアゲムシ目]
SCORPIONFLIES

146　プライヤシリアゲ

バッタの仲間
[直翅目]
GRASSHOPPERS, CRICKETS, LOCUSTS

150　トノサマバッタ
154　ショウリョウバッタ
158　コバネイナゴ
162　キリギリス
166　アシグロツユムシ
170　エンマコオロギ
174　スズムシ

カマキリの仲間
[カマキリ目]
MANTISES

178　オオカマキリ

ナナフシの仲間
[ナナフシ目]
STICK INSECTS

182　エダナナフシ

トンボの仲間
[トンボ目]
DRAGONFLIES, DAMSELFLIES

186　モノサシトンボ
190　オニヤンマ

セミの仲間
[半翅目]
CICADAS, LEAFHOPPERS,
SHIELD BUGS, WATER STRIDERS

194　アブラゼミ
198　ミンミンゼミ
202　ツマグロオオヨコバイ
206　アカスジカメムシ
210　アメンボ

カゲロウの仲間
[カゲロウ目]
MAYFLIES

214　シロタニガワカゲロウ

ハサミムシの仲間
[ハサミムシ目]
EARWINGS

218　コブハサミムシ

224　著者紹介

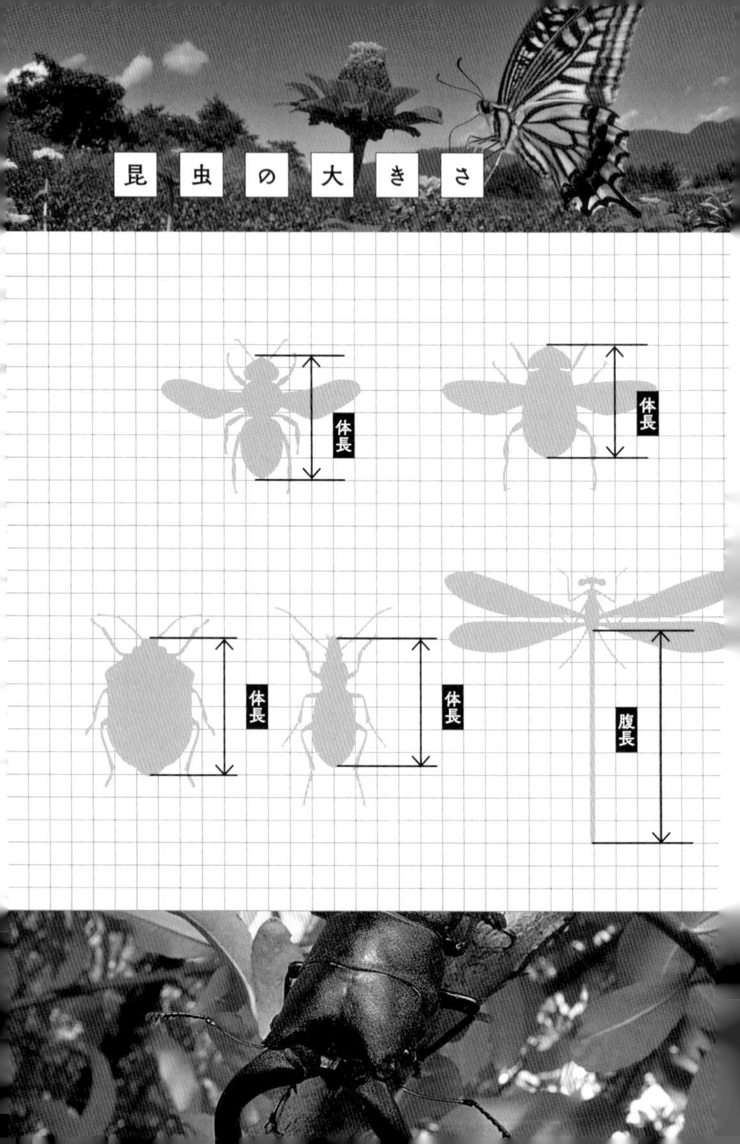

昆虫の大きさ
体長
体長
体長
体長
腹長

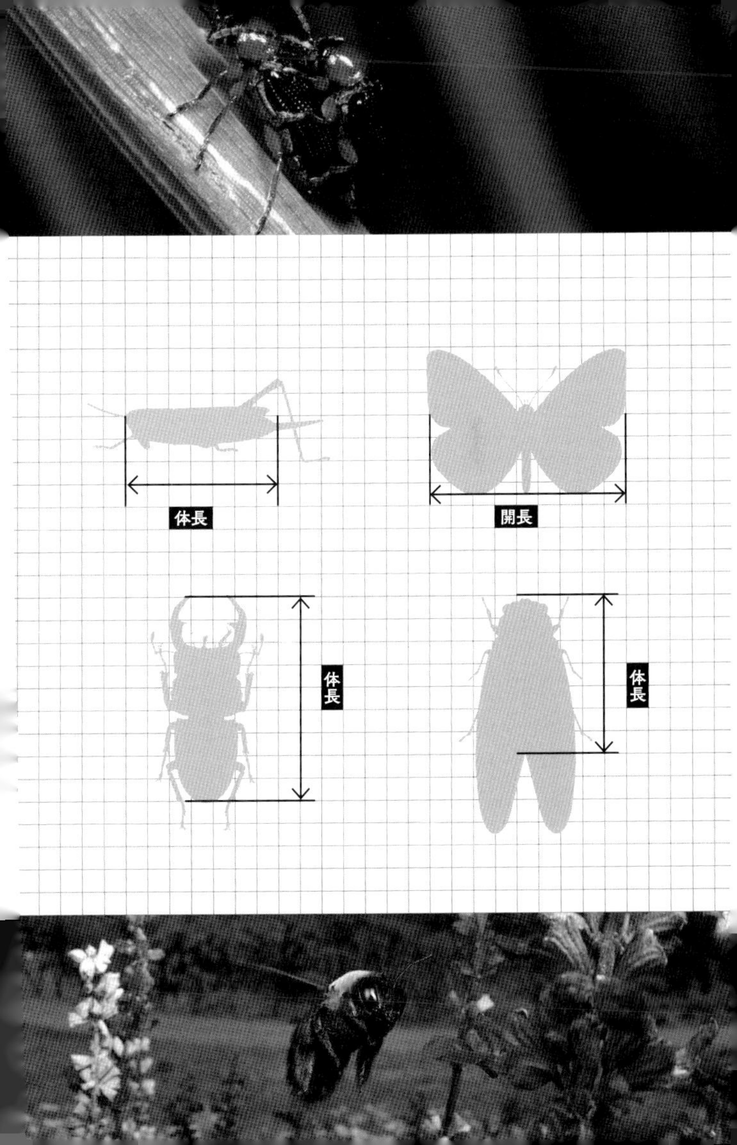
体長
開長
体長
体長

はじめに

海野和男

6年前に製作した「昆虫顔面図鑑」日本編が文庫化されることになって、とても嬉しい。この本はポピュラーな日本の昆虫に焦点を当てている。あまり専門的だったりマニアックな昆虫は取り上げていない。実はぼく自身、子どもの頃に憧れたこうしたポピュラーな虫がとても好きなのだ。それ故、この本を読んで頂きたいのは昆虫がきらいだったり、好きになりはじめたばかりのの方である。

ぼく自身、カメラでこうした昆虫のアップを撮影し、その生き様を観察するのが大好きだ。子どもの頃にルーペで昆虫の顔をのぞいた時の驚きを再現したいと、昆虫の顔をテーマにした写真を撮り続けてきた。今でも、新しい発見があると、興奮しながらシャッターを切っている。彼らの顔をアップにすると空想の異星人だったり、ウルトラマンのキャラクターだったりと、写真を撮りながらほくそ笑んでしまう。

顔のアップを比べると、肉食の昆虫は恐ろしそうな顔をしていたり、草食の昆虫はちょっと間が抜けた顔をしていたりと、その習性や性格をも想像することができる。顔の表情や口や眼の構造はその生態にも大いに関わりがある。トンボやカマキリの眼が大きく、前をしっかり見据える構造なのは、獲物を素速く発見し、獲物までの距離を一瞬に測るために必要性からうまれたものであろう。

昆虫は地球上で最も種類の多い生物のグループで、最も成功した生き物とも言われている。世界では120万種ほどの昆虫に名前が付けられ、まだまだ新種がたくさん発見される生き物だ。日本だけでも3万種以上の昆虫が住んでいる。昆虫は約30の目(大きなグループ)に分けられる。この本ではカブトムシやクワガタムシが属する甲虫目、ハチやアリが属する膜翅目(ハチ目)、チョウやガの属する鱗翅目(チョウ目)、ハエやカの属する双翅目(ハエ目)、セミやカメムシの属する半翅目(カメムシ目)、など種類の多いグループを取り上げ、種類は少ないが、私たちに身近な大きな昆虫、トンボ目、バッタやコオロギの属する直翅目

(バッタ目)、カマキリ目など13の目を取り上げた。

タイトルに登場する昆虫は53種だが、近い仲間の写真や解説もあるので、実際にはもっと多くの昆虫を取り上げている。解説は目や科の生態的な特徴だったり、取り上げた種の解説だったりと、統一はしていないが、読んで頂ければ、取り上げた昆虫がどんなものかのアウトラインがわかるように構成したつもりだ。

この本を読んで,「虫って結構面白いんじゃないか」と感じて下さる方がおられたら、著者の本望とするところであるし、被写体になって頂いた昆虫たちも喜んでくれるのではないかと思う。

ミツバチ

膜翅目ミツバチ科

ヒャクニチソウの花を訪れたセイヨウミツバチ。脚についている丸いものは花粉団子だ。ヒャクニチソウには様々な色のものがあるが。花粉はみんな黄色い。

日本在来種のニホンミツバチは色が黒っぽく、やや小型なのが特徴だ。

在来種と輸入種

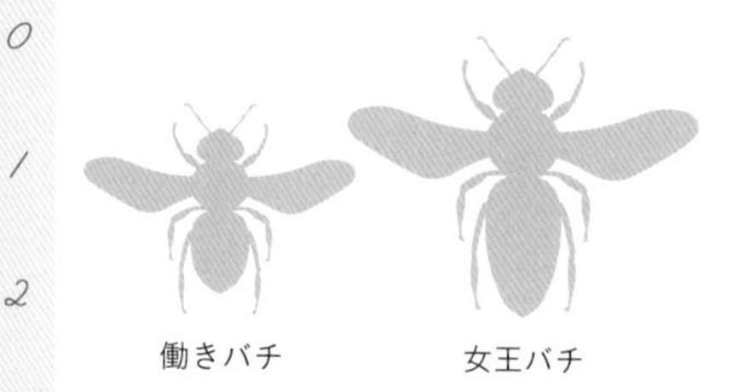

学名：Apis　mellifera
分布：日本全土
環境：田園、草原
体長：働きバチ約13㎜、女王バチ約17㎜

中心にいるのが産卵中の女王バチ。
必ず働きバチが女王を囲んでいる。

普通われわれがミツバチと呼んでいるのはセイヨウミツバチのことだ。日本には他にニホンミツバチがいる。ニホンミツバチは日本の在来種で、セイヨウミツバチは蜂蜜生産を目的に人為的に輸入されたものだ。

セイヨウミツバチはアフリカ原産のものをヨーロッパ人が改良したもので、野生種とくらべ性質が穏和で蜜をたくさん集めてくれる。巣箱を用意すれば、そこから逃げ出すこともほとんどないので養蜂に適したハチだ。

ニホンミツバチはセイヨウミツバチと比べ、からだがひと回り小さく黒っぽいのが特徴で、木のうろや割れ目などに巣を作る。かつてはニホンミツバチも蜜を採るために利用されたが、今は趣味以外ではあまり飼育されることはなくなった。

ミツバチの一番の天敵はスズメバチだ。ニホンミツバチはスズメバチと果敢に闘い、大勢でスズメバチに取りつき温度を上げてスズメバチを殺す対抗策を持っている。しかし元々大型のスズメバチがいない地域原産のセイヨウミツバチには、そのような技はない。スズメバチの多い地域の養蜂家は、入り口に金網で作ったトラップなどを仕掛けて、スズメバチを防がなければならない。

クマバチ

膜翅目ミツバチ科

ツツジの花の付け根に穴を開けて盗蜜するクマバチ。
花にとっては迷惑だ。

クマバチのオスは交尾してもメスを遠くに連れ去ってしまうことが多く、交尾はなかなか見ることができない。

刺さないハチ

学名：Xylocopa　appendiculata
分布：北海道〜九州
環境：田園、草原
体長：約 22㎜

初夏の太陽をバックに、見晴らしの良い丘の上でホバリングするクマバチ。

5月の見晴らしのよい丘の上に行くと、必ずといってよいほどクマバチに出会う。高さ2mぐらいの空中でホバリング（空中停止飛行）をしている。これは全てオスのハチでメスが現れるのを待っているのだ。他のオスが来るとものすごい勢いで追いかけていく。あっという間に消えるが、たいていはもといたオスが侵入者を追い払って元の場所に戻ってくる。

このようにテリトリーを張っているオスは、つかまえても決して刺すことはない。ハチの毒針は産卵管の変化したものだから、オスには毒針がないのである。

花のところで出会うクマバチは、オスもメスもいるからやみくもには触らない方がよい、といってもクマバチは見かけによらずおとなしいハチで、強くつかんだり、刺激しない限りは刺すことはない。

クマバチの口吻（こうふん）は鋭く、花の付け根に口で穴を開けて蜜を吸うことが多いので、実は花にとってはあまりありがたくない存在だ。

ただ、エニシダやフジといったマメ科の植物にとっては、クマバチはその蜜を吸うために花の奥までもぐり込んでくれるので、受粉の手助けをしてくれる存在となっている。

オオスズメバチ

膜翅目スズメバチ科

よその巣のハチと出会ったのか、とっくみあいの喧嘩をはじめた。

世界で最も恐ろしいハチ

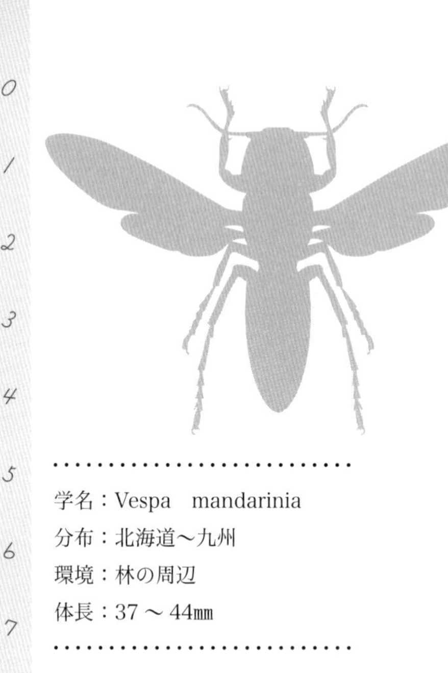

学名：Vespa　mandarinia
分布：北海道〜九州
環境：林の周辺
体長：37 〜 44㎜

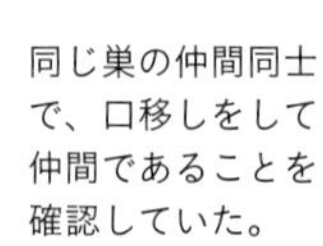

同じ巣の仲間同士で、口移しをして仲間であることを確認していた。

世界で最も強いハチはオオスズメバチであろう。集団生活者で、巣の近くのハチを驚かせたりすると集団で襲ってくる。刺されるとかなりの痛みがあり、下手をすると死亡することもある。数ヶ所刺されたぐらいでは最初は死ぬことはないが、二度目に刺されるとアレルギーを起こしてショック死する体質の人もいるというから、十分気をつけなければならない。

オオスズメバチに出会う確率が最も多いのは、夏から秋の雑木林である。特にクヌギの樹液にはたくさん集まってくる。オオスズメバチが集まりだすと、その鋭い歯で樹皮を噛むから樹液の出がよくなる。カブトムシやクワガタムシにとっては好都合だが、オオスズメバチは貪欲で暗くなるまで樹液を吸っていることもある。オオスズメバチが多い樹液は、朝や夕方はカブトムシやクワガタムシですら追い出されてしまうことも多い。ましてや、昼間樹液に集まるチョウやカナブンにとっては、オオスズメバチがいると樹液を吸えないから迷惑この上ないのである。

またオオスズメバチは秋になると、ミツバチやアシナガバチの巣を襲って幼虫を食べてしまうことがある。特にアシナガバチはオオスズメバチの前では全く手も足も出ない。何もすることができず、ただただじっとかたまってされるがままにしているアシナガバチの姿を見ると、生きるとは因果なものだと思うのである。

キアシナガバチ

膜翅目スズメバチ科

巣材を集めるためにベランダの木を削っているキアシナガバチ。
唾液と混ぜてパルプ状にする。

春先、作ったばかりの巣に卵を産むセグロアシナガバチの女王。

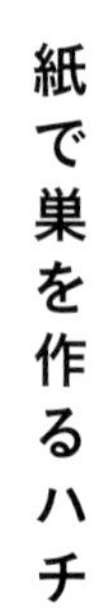

紙で巣を作るハチ

学名：Polistes　rothneyi

分布：日本全国

環境：林の周辺

体長：約 25㎜

軒下のキアシナガバチの巣。巣は木の繊維と唾液を混ぜてどろどろにしたもので作る。紙でできているといってよいだろう。

キアシナガバチは、人家の軒先などに巣を作る大型のアシナガバチだ。越冬した女王が4月末に巣作りをはじめ、最初の1ヶ月間は母バチはせっせと餌を運び幼虫を育てる。生まれてきた子供は全てメスの働きバチだ。働きバチが増えると母バチはあまり巣の外に出ることなく、卵を産み続けるので巣はどんどん大きくなる。アシナガバチの巣は木の皮などをかみ砕いて唾液と混ぜ、パルプ状にしたもので作られる。それは紙づくりの方法と大差ない。だから英語ではアシナガバチのことをペーパーワスプと呼ぶ。

アシナガバチ類は自分の食事としては花の蜜を好む。しかし幼虫に与えるのは主に鱗翅類の幼虫、つまりイモムシである。イモムシの皮をはぎ、噛み砕いて肉団子状にして巣に持ち帰り幼虫に与える。

働きバチは巣の世話をとてもよくする。雨が降って、雨水がたまればそれを口で吸い取り巣の外へ捨てるし、暑いときは巣の上で翅を振るわせて風を幼虫に送る。

オスバチは秋に現れ、働きバチよりひと回り小さく、触角が長い。晩秋の頃、アシナガバチが葉の上などにかたまっていることがあるが、これは結婚飛行に出たオスバチである。アシナガバチは冬が来る前にオスバチは勿論、働きバチも死滅し、越冬するのは秋に生まれ、交尾を済ませた新しいメスバチだけである。

ジガバチ

膜翅目アナバチ科

美しいルリジガバチの獲物はクモの仲間。

ジガバチが砂地に作った巣穴に、イモムシを引き入れているところ。このあと巣の中で卵を産みつける。

左写真の巣穴を掘ってみた。巣の中に引き入れたイモムシにはジガバチの卵が一つ産まれていた。

獲物に麻酔をかける

学名：Amm ophila　sabulosa
分布：北海道〜九州
環境：河原、林の周辺
体長：約 25㎜

キボシトックリバチが土でできた壺に青虫を入れているところだ。

ジガバチは狩人バチと呼ばれるハチの仲間だ。ハチというと群れで暮らすイメージがあるが、狩人バチは単独生活者だ。ジガバチのメスはシャクガやヤガなどのイモムシを探して、毒針で刺す。刺されたイモムシはぐったりとしてしまうが、死んだわけではない。ハチが正確に運動神経を麻痺させる神経節に針を打ち込んだのだ。獲物は幼虫の餌となるが、麻酔されているから腐ることはない。イモムシは生きながらハチの幼虫の餌食になるのである。狩りに出かける前に、地面に穴を掘り、獲物を蓄える巣穴を掘っておく。狩りに出かけるときは、外からわからないように、きれいに埋め戻すという手の込んだことをする。狩りには通常1時間ぐらいもかかる。獲物を抱えて戻ってきたハチは、巣穴の場所を正確に覚えていることに驚かされる。獲物を巣の近くに置くと、再び巣穴を掘る。一度掘った場所だから、あっという間に穴が開く。そうすると獲物を中に引き入れてしまう。中で獲物に卵を産みつけると、地上に出て、巣穴を埋める。埋めた後は全くわからなくなってしまう。時には小石を持ってきたりして、丹念にカムフラージュをする。狩人バチの仲間のトックリバチもイモムシを狩るハチだ。トックリバチは泥を集めて水とこねて、ろくろを回すような鮮やかな手さばきで（?）、トックリ状の巣を作るハチだ。トックリの大きさは、せいぜい1～2㎝程度の小さなものだ。どうしてこのような美しい形を作ることができるのか、巣を見るたびに不思議に思う。狩人バチの仲間にはクモを狩るベッコウバチやルリジガバチ、キリギリス類を狩る黒アナバチなどたくさんの種類がある。獲物は種類によって異なっている。

クロオオアリ

膜翅目アリ科

大顎で噛み合い、おしりから蟻酸を出して喧嘩するクロオオアリ。違う巣のアリと遭遇するとこんなポーズをする。

巣を作ったばかりの女王は、何の栄養もとらずに黙々と自分の産んだ卵の世話をする。

クロシジミの幼虫から蜜をもらうクロオオアリ。この蜜はまさに麻薬である。

地中の生活

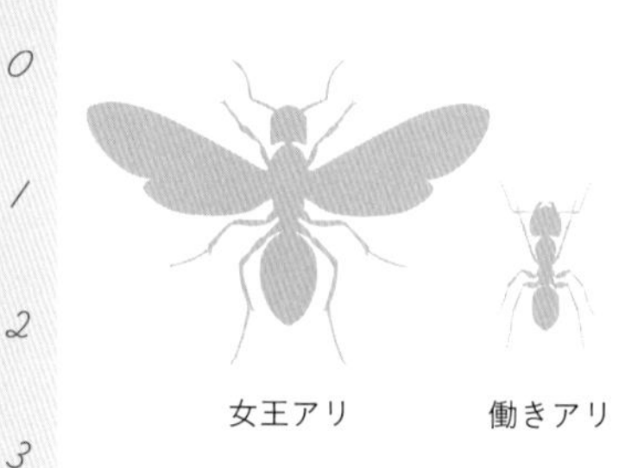

学名：Camponotus japonicus
分布：北海道〜八重山
環境：日当たりのよい地面
体長：女王アリ約17㎜、働きアリ7〜13㎜

クロオオアリより少し小さいクロヤマアリは花の蜜が大好きだ。

クロオオアリの女王は、日当たりのよい地面に穴を掘って卵を産み育てる。女王はいったん巣作りをすると外へ出ることはない。最初の働きアリが生まれてくるまでは、それまで貯えた栄養で何も食べずに子育てする。

アリの巣は何年もかかってだんだん大きくなる。地中にはたくさんの部屋ができ、働きアリが幼虫の世話をする。女王の部屋から卵を幼虫の部屋に移動させたり、春先などは暖かな地面に近い場所に幼虫を移したりもする。

同じアリの巣の働きアリは仲間同士をにおいで認識することができる。巣の外で出会うと、触角をつけあって挨拶したり、餌を口移しで与えたりする。そんなとき別の巣のアリと遭遇すると、尻を曲げて蟻酸(ぎさん)を振りかけて、とっくみあいの喧嘩になる。

クロオオアリの巣にはクロシジミという、とても珍しいチョウの幼虫がいることがある。クロシジミはアリの巣の近くの植物に卵を産み、幼虫が少し大きくなるとアリが巣の中に運び込む。クロシジミの幼虫は腹部から液状の物質を出す。アリはこれが欲しくて仕方がない様子だ。アリの幼虫を育てるのと同じように、クロシジミの幼虫に餌を与え、代わりにこの麻薬のような液をもらうのである。クロシジミはアリの巣の中で、安全に幼虫期を過ごすことができるのだ。一体どんな魅惑の液体なのだろう。

クロナガアリ

膜翅目アリ科

キク科植物の種を運ぶクロナガアリ。秋になると身近にある様々な種を集める。

カタクリの種を運んでいるクロクサアリ。

小さなアズマオオズアカアリもカタクリの種を運んでいた。

種を収穫するアリ

学名：Messor　aciculatus
分布：本州〜屋久島
環境：畑や林の縁の道路など
体長：約５㎜

トゲアリはアブラムシの出す甘露が大好きだ。

クロナガアリは、夏は地中で過ごし秋から初冬にかけて活動する。他のアリのように昆虫の死骸などの動物性タンパク質をほとんどとらず、もっぱら植物の種を集める。エノコログサなどイネ科の植物の種が好きだが、タンポポの種を運んでいるのを見ることもある。ペンチのような形の大顎(おおあご)で、種をもぎ取り巣に運ぶ。種がたくさんできる秋だけ働き、後は遊んで暮らすというわけだ。昆虫を捕まえたりしないから、動きもとてもゆっくりだ。ナマケモノというより、おっとりとした性格といってよいだろう。

アリには沢山の種類がいるが、クロヤマアリはどこでも見かける小さな黒いアリだ。クロヤマアリもクロオオアリ同様に雑食で虫の死体から、穀物、花の蜜まで何でも食べる。けれど最も好むのは花の蜜のようだ。

カタクリはアリがいるおかげで種を蒔くことができる。カタクリの種にはエライオゾームというタンパク質がついている。このエライオゾームのにおいはアリの幼虫とよく似たにおいだそうだ。アリは自分の幼虫を運ぶようにカタクリの種を巣に運ぶ。ところが数日たつと、においは幼虫が死んだときのものに変わるという。そこで今度はアリはその種を外に捨てるのだそうだ。

クロクサアリは雑木林に多く、木の幹などで行列を作って歩いているのをよく見る。クロクサアリの好物はアブラムシの出す排泄物だ。アブラムシはアリを引きつけることで、天敵のテントウムシなどから身を守るのだ。

ハナアブ

双翅目ハナアブ科

オオハナアブの眼はDという文字が書いてあるような面白い模様がある。目に複雑な模様のある昆虫は、たいてい眼がよい昆虫だ。

ハエの眼は体に比べ大きい。それだけよく見えるということだろう。キンバエの仲間の目は赤いものが多いようだ。

大きな目と優れた飛翔能力

学名：Phytomia　zonata
分布：北海道〜九州
環境：田園、住宅地
体長：約 13㎜

花の蜜が大好きなツマグロキンバエが長い口でヒメジョオンの蜜を舐めている。目に縞模様があるのが特徴。

0 1 2 3 4 5 6 7 8 9 10

アブやハエの仲間は後翅(こうし)が退化し、翅(はね)が２枚しかないように見える。後翅は棍棒(こんぼう)状になっていて、飛翔中は細かく振動し体のバランスをとるジャイロのような役目をする。

飛翔能力に優れ、空中停止飛行や急旋回もお手のものである。その飛行能力を最大限に生かす大きな目も特徴で、拡大写真で見ると美しい模様があったりして面白い。

ハナアブの仲間は花の蜜や花粉を食べるが、ウシアブやメクラアブなどの仲間は吸血性で動物の血を吸う。これらの吸血性のアブは主に初夏から真夏に発生する。山道で最もいやなのがアブに追いかけられることだ。目がよいのでどこまでも追いかけてくるし、鋭い口は厚いジーンズをも通してしまう。

カやブユと違って刺された瞬間に痛みが走るのも特徴だ。唾液を注入されるので、後もアレルギー反応を起こすためかゆいし、かなり腫れあがることも多い。刺されたらすぐに血を絞り出して、抗ヒスタミン剤などを塗らないと１週間ぐらいはかゆみと腫れに悩まされることになる。

シオヤアブ

双翅目ムシヒキアブ科

ジョウカイボンの仲間を捕らえたコムライシアブ。体長15mmぐらい。

ハムシを捕らえてその体液を吸うオオイシアブ。黒っぽい大きな種類だ。

最強のハンター

学名：Promachus　yesonicus
分布：北海道〜九州
環境：日当たりのよい林縁など
体長：約30㎜

ヤブ蚊を捕らえたマガリケムシヒキ。
ムシヒキアブの中ではよく見られる小型の種類だ。

0 1 2 3 4 5 6 7 8 9 10

アブの中には肉食性のものもいる。ムシヒキアブの仲間は昆虫を捕らえて、その体液を吸う捕食性の昆虫だ。脚には硬い剛毛がたくさん生えていて、捕らえた虫を逃さない。

ムシヒキアブの中でよく見られるのはシオヤアブだ。見晴らしのよい場所に陣取って、あたりの様子をうかがっている。非常に目がよく、近くを昆虫が飛ぶと、追いかけていって空中で獲物を捕らえる。獲物を捕らえると、その鋭い口を獲物に刺しこんで一撃でしとめる。それから近くに着地し、時間をかけて体液を吸ってしまう。口で突き刺された獲物は瞬時に動けなくなる。たいていの場合、口は胸と腹の間の柔らかな場所に突き刺されている。そこには神経節もあるから、運動神経も一瞬にして奪うことができるのだ。恐らくは消化液のようなものも出して、獲物を麻痺させてしまうのではないかと思う。

ムシヒキアブの中では体長が3㎝ぐらいと大きいシオヤアブは、時にはコガネムシやトンボなど自分より大きな獲物を捕らえるハンターだ。優れた飛翔能力とよく見える目、昆虫を捕らえるのに適した脚の構造、その全てが極限まで発達している昆虫である。

ヤマトヤブカ

双翅目カ科

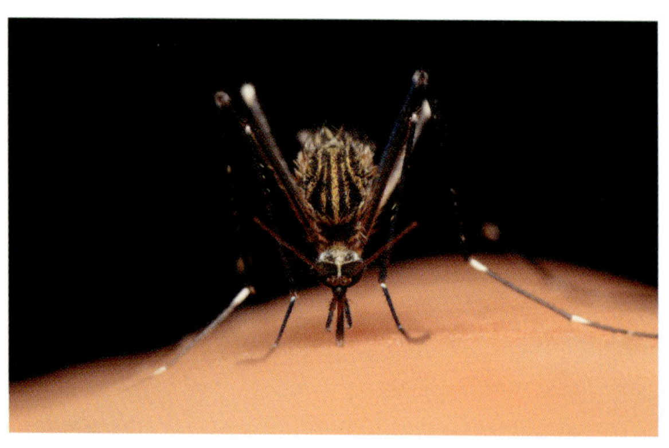

血を吸うヤマトヤブカのメス。脚を踏ん張り、頭と口吻を皮膚に垂直に突き立てている。血を吸うのはメスだけだ。

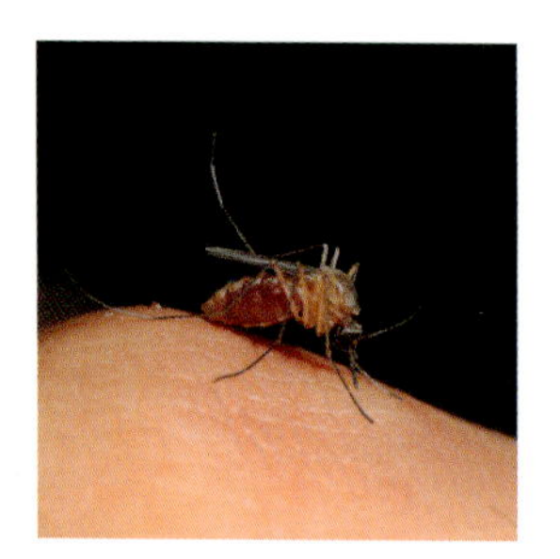

アカイエカは室内に多いカで、日本脳炎の媒介者として恐れられている。

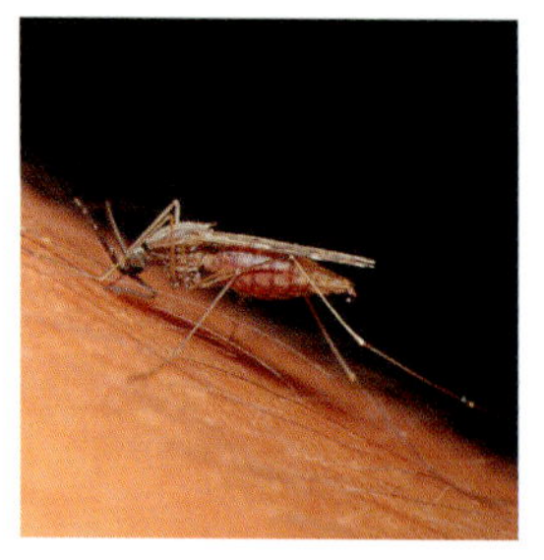

血を吸うシナハマダラカ。マラリアを媒介することもあるから恐ろしい。夜の7時から8時頃に活動する。

血を吸うのはメスだけ

学名：Aedes　japonicus
分布：北海道～八重山
環境：雑木林の周辺
体長：約 6㎜

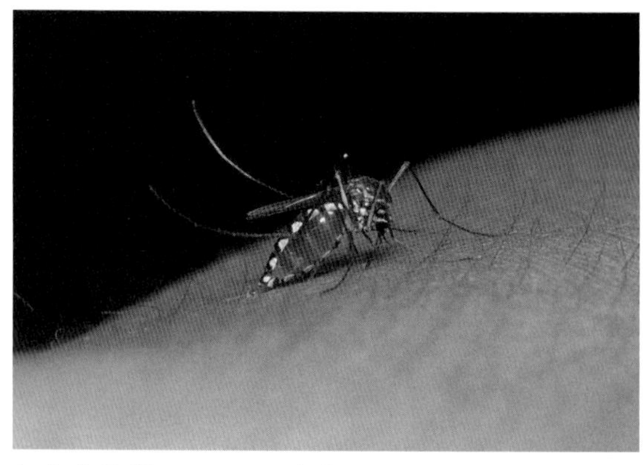

ヤブに行けばどこにでもいる小型のカ、ヒトスジシマカ。血を吸って腹部が赤く膨れ上がっている。

血を吸うので嫌われるカはアブと同じ双翅目に属し、体が細く弱々しい昆虫だ。日本にはおよそ60種類のカがいて、いずれも血を吸うのはメスだけだ。

多くのカは卵を産むために動物の血を必要とする。カに刺されると後がとてもかゆくなってくるのは、口を刺して血が固まらないように、血液が凝固するのを防ぐ成分の入った唾液を注入するからだ。

カは、卵を水中に産む。幼虫はボウフラ、蛹はオニボウフラと呼ばれ、カの幼虫はプランクトンなどの水中の小さな生物を食べて成長する。

室内など人家に多いのは、アカイエカとアカイエカの変種のチカイエカと呼ばれる種類で、春先と秋に個体が増えだす。

アカイエカは、昔は日本脳炎を媒介することで恐れられたカだ。雑木林などの野外の薄暗い場所では、ヤブカの仲間やヒトスジシマカが猛威を振るっている。

シナハマダラカは長野県などのやや乾燥した場所で見られ、普通のカより翅が長く見かけが異なる。ハマダラカやシナハマダラカは、マラリアを媒介することで恐れられるカだが、現在は国内でマラリアは根絶されているので、まず発症の心配はないようだ。

ミヤマクワガタ

甲虫目クワガタムシ科

ミヤマクワガタは好戦的なクワガタムシで、オス同士よく闘う。

後翅を大きく動かすと空中に舞い上がる。

樹液を飲むメスの上に乗っているオス。交尾していなくてもオスはメスのそばから離れないことが多い。

発達したオスの大顎

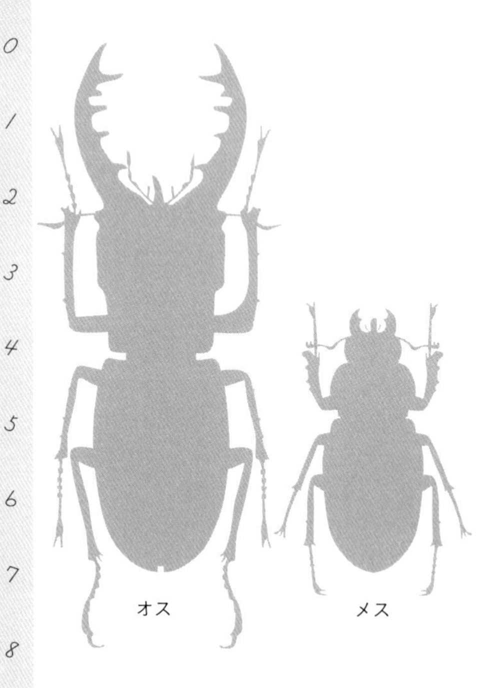

学名：Lucanus　maculifemoratus
分布：北海道〜九州
環境：雑木林
体長：♂ 42 〜 75㎜、♀ 25 〜 43㎜

クワガタムシのオスの大きな牙は、口器の一部である大顎が発達したものだ。大顎の形は種によって様々だが、一般に大型の個体ほど発達がよい。これは主に幼虫期の環境や食物によることが多いが、大型の個体カップルから生まれた卵から育った成虫は大きくなる傾向もあるから、遺伝も影響しているだろう。

クワガタムシのオス同士が出会うとしばしば闘いが起こる。ミヤマクワガタは樹液の出ている場所で、樹液やメスを巡って闘う。闘いはまず威嚇からはじまる。体を起こし大顎を振りかざして相手を威嚇する。そして大顎で相手を挟んで投げ飛ばす。

大顎が発達しているために、樹液を飲むときはいささか不便である。クワガタの舌は他の甲虫と比べるとずっと長いが、それでも体を伏せの姿勢にしないと舌が樹液に届かない。だが、クワガタムシの大顎は挟む力がとても強く、体重の10倍ほどのものを挟んで持ち上げることができる。

ミヤマクワガタの前翅(ぜんし)はとても厚く硬い。前翅の下にたたまれている後翅(こうし)は薄く透明であるが、広げると前翅よりずっと大きくなる。後翅には支脈というパイプのような管が通っていて、翅(はね)を支える役目をしている。普段は後翅は途中から折りたたまれているが、前翅を開くと、折りたたまれた後翅も自動的に開くようになっている。後翅を力一杯羽ばたくと体が宙に浮き、空中に飛び立つのである。

ノコギリクワガタ

甲虫目クワガタムシ科

ノコギリクワガタは河原のヤナギの木に多く集まる。
うっかり近づくと、ぽとりと地面に落ちてしまう。

蛹になったばかりのオス。大きな大顎がよく目立つ。真っ白で、まるで蝋細工のようだ。

メスの蛹。蛹ではっきりとオスメスの区別がつく。

蝋人形のような蛹

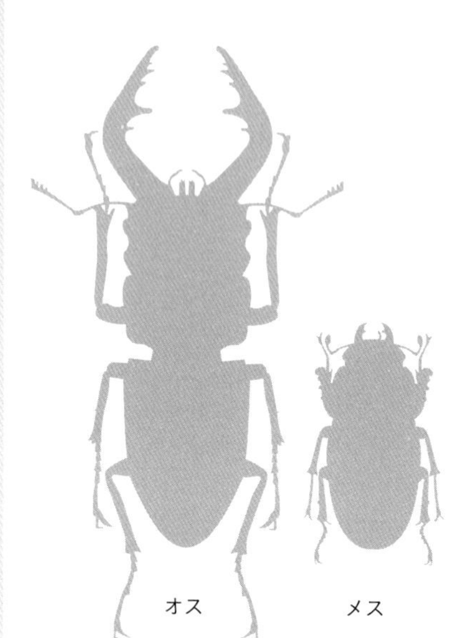

学名：Prosopocoilus　inclinatus

分布：北海道〜九州

環境：雑木林

体長：♂ 35 〜 72㎜、♀ 25 〜 30㎜

ノコギリクワガタの一生は野外では２年で終わる。夏の終わりに朽ち木のすぐわきの地中に産卵された卵は２週間ほどで孵り、朽ち木の中にもぐり込んだ幼虫は２回脱皮をして、翌年の夏に成長しきる。十分成長した幼虫は蛹室を作り、その中で脱皮をして前蛹となる。蛹室は横向きで幼虫の体長よりはるかに長い。特にオスは、羽化時の大顎の伸びる大きさを計算に入れて作られるので、幼虫の体長の倍近くある。内壁は糞と唾液で塗り固められ、つるつるしていて、蛹化したばかりの柔らかな蛹が傷つかないようになっている。前蛹の体の皮膚がしわしわになり、体が伸びきると、いよいよ蛹になる時が来たことを表している。

やがて体が前から後ろに波打つように動き、蛹化がはじまる。頭部の後ろが割れ、大きな大顎と胸がでてくる。皮膚が破けてから完全に皮を脱ぎ終わるまでにかかる時間は 20 分から 30 分である。

蛹化したばかりの蛹は真っ白で、まるで蝋細工の作り物のようだ。体が固まると蛹はクリーム色からオレンジ色になり、体も固くなる。

蛹は大顎を下向きに折りたたんでいる他は成虫とよく似た形をしているのでオスメスの区別は容易だ。蛹の期間はおよそ３週間で、羽化が近づくと、頭部、胸部、足は赤褐色に変化し、大顎も一部色づいてくる。羽化した成虫は、そのまま蛹室から出ることなく、翌年の初夏までじっとして何も食べない。５月末頃に蛹室から出たノコギリクワガタは地上に出て活動をはじめる。活動は秋までで、多くは９月末頃には死んでしまう。

オオクワガタ

甲虫目クワガタムシ科

体長 70㎜ほどの大型のオス。どっしりした体つきだ。

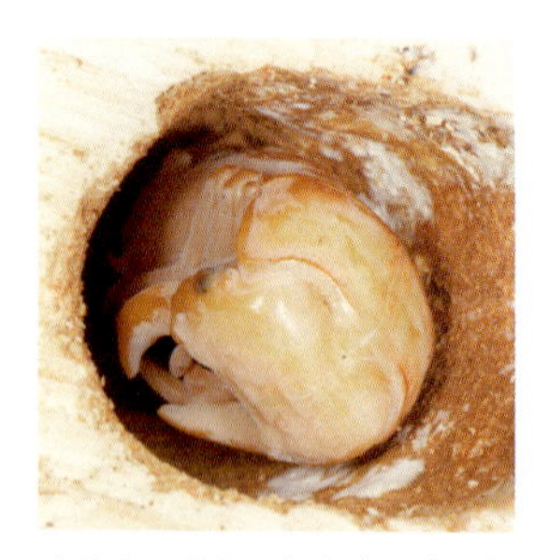

オオクワガタは朽ち木の中に蛹室を作って蛹になる。

山地の渓流に多いヒメオオクワガタ。ヤナギの木の皮をはいで汁を舐める。

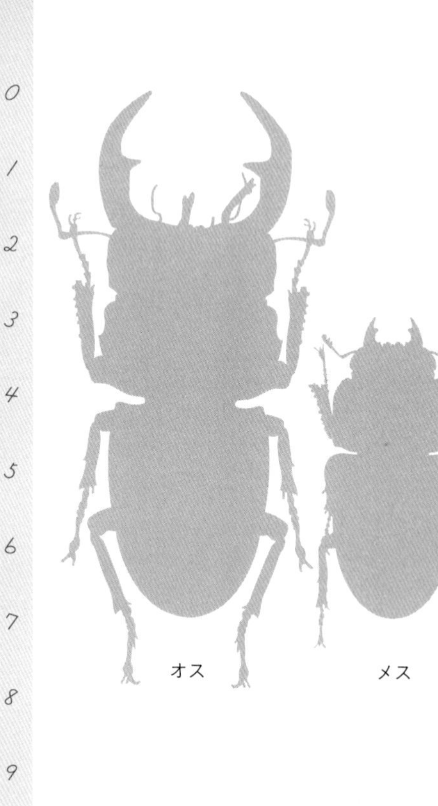

飼育されているものの方が多い

学名：Dorcus　hopei

分布：本州〜九州

環境：低山帯の雑木林

体長：♂ 35 〜 75㎜、♀ 30 〜 45㎜

オオクワガタは日本で最も人気のあるクワガタムシだ。クヌギなどの古木に生息し、成虫で数年生きる。野生のものは樹液の出る木のうろに生息し、めったに外へ出てこない。活動するのは深夜であるが、気配に敏感ですぐにうろにもぐり込んでしまう。大きいけれど臆病なクワガタムシである。

野外では生息できる林がなくなったり荒れたりして、個体数が減っている。しかし、飼育が盛んで、飼育されている個体数は野外よりも多いと思われる。だから飼育下のものを含めれば、日本全国に生息する個体数は年々増えていると思われる。

野外で70㎜を超える個体はほとんど見つからないが、飼育下では70㎜以上のものがたくさん羽化している。クワガタムシの幼虫は朽ち木を食べるが、飼育を行っている人たちは菌糸ビンといって、キノコの菌糸が入った朽ち木のフレークを用いる。

キノコの種類や添加物を工夫することで、野外の朽ち木よりずっと栄養価が高くなるようで、生育期間も短くなり個体も大型になってくる。10年前は70㎜で10万円といっていた価格も今では数千円に落ちたという。

ヒメオオクワガタはオオクワガタとは若干遠い関係のクワガタムシだが、牙の形が似ていることからヒメオオクワガタという名がつけられた。山地のヤナギの木に生息し、自分で木の皮をはいで、そこから出る汁を舐める面白い特性をもったクワガタムシである。

カブトムシ

甲虫目コガネムシ科

後翅を激しく振るわせて飛ぶオス。重い体を宙に浮かし、飛翔するのにはかなりのエネルギーを消費するだろう。

喧嘩は、相手の体の下に角を差し入れた方が勝つ。角を振り上げて、相手をはねとばしてしまう。

普段は隠れているブラシのようなオレンジ色の口を伸ばすカブトムシ。樹液を舐めるのに適した形態だ。

飛行機のような飛翔

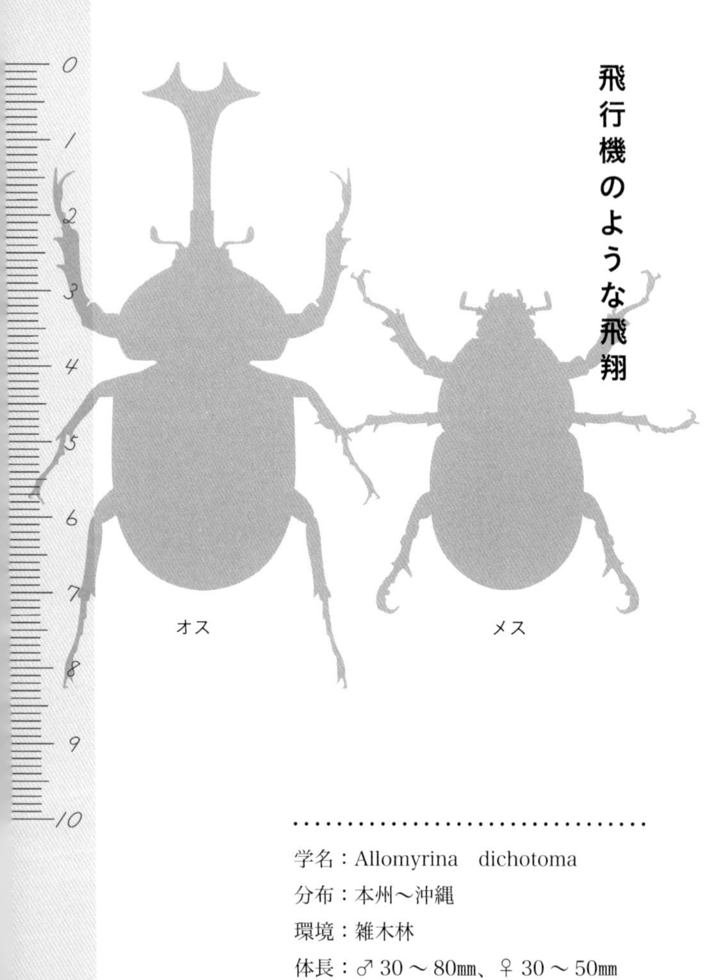

学名：Allomyrina　dichotoma

分布：本州〜沖縄

環境：雑木林

体長：♂ 30 〜 80㎜、♀ 30 〜 50㎜

昆虫が他の生物と異なるのは翅を持ち、自由に空を飛べることだ。無脊椎動物で翅を持っていて自力で空を飛べるのは昆虫だけである。昆虫の体は頭、胸、腹に分かれている。胸は他の節足動物とはかなり違う構造で、前胸、中胸、後胸に分かれ、それぞれの腹面に脚が一対ずつ、中胸と後胸の背面に翅が一対ずつついている。そしてこの4枚の翅を羽ばたいて空を飛ぶのである。昆虫の中では体が大きくて体重も重いカブトムシは、地上から飛び立つのは苦手だ。そこで多くの場合、木に登ってから飛ぶ。飛び方も決して上手とはいえず、着地するとき、うまく脚が引っかからずに落下することすら多いのである。カブトムシは、前翅が固く、柔らかな腹部を覆っている。前翅は開いていないときは体を守るヨロイとして役立っているのである。前翅よりずっと大きい後翅は、普段は前翅の下にたたみ込まれていて外からは見えない。

足場のしっかりしたところを見つけたカブトムシは、前脚を上げて前翅を開く。すると大きな後翅が前翅の下から出てくる。そして後翅を力一杯羽ばたき、空中に飛び立つ。

カブトムシは飛翔中は前翅はほんの少ししか動かさず、後翅を激しく羽ばたいて飛翔する。前翅は飛行機の翼と同じような役割をして、浮力を得るために役立っている。後翅はプロペラのようなもので、羽ばたくことで推進力を得るのである。カブトムシが飛翔するのは、夜、暗くなってからである。クヌギなどの木から出る樹液を求め、そこに来る異性と出会うために飛ぶのである。カブトムシは餌があって、敵がいないと、ほとんど飛ぶことはない。やはり重い体を宙に浮かすのは大変なのだろう。そんなカブトムシの行動を見ていると、本当は飛びたくないのではないかなと思うこともある。

アオカナブン

甲虫目コガネムシ科

交尾するアオカナブン。オスの交尾器はずいぶん長い。

カナブンの仲間は、前翅は開かず後翅だけで飛ぶ。

空中停止もできるヘリコプターのような飛翔

学名：Rhomborrhina　unicolor
分布：北海道〜九州
環境：雑木林
体長：約 27㎜

木の割れ目に頭をつっこんで樹液を吸いながらおしっこをするカナブン。

昼行性のカナブンやハナムグリの仲間は、前翅をほとんど開かずに、後翅を羽ばたいて飛ぶ。前翅を開かないから浮力を効率よく利用できない。その代わり、後翅を極めて速いスピードで動かして飛ぶのである。後翅を動かすことだけで飛ぶから、エネルギーの消耗は大きいと思われる。そのためか、カナブンの樹液を舐める食欲は大したものだ。

カナブンの飛翔はヘリコプターの飛び方にも似ている。翅の角度を微妙に変えることで、空中停止や、急旋回もできる。カナブンの飛び方を見ていると、翅が４枚より、２枚の方が上手に飛ぶことができるように思える。

ほとんどの甲虫は、飛翔中に脚を開いて飛ぶ。これは空気抵抗を減らすには不適切であるが、より浮力を得るためや、体のバランスを保つために必要なのであろう。それに脚を開いていることで、着地の時も木にとまりやすくなるのである。体が堅くて、ぶつかったらショックが大きい甲虫ならではの飛翔姿勢であるのだろう。

日本に産するカナブンと名のついた甲虫は３種ある。アオカナブン、クロカナブン、カナブンである。いずれもクヌギの樹液や熟した果物から汁を吸っている。

シロスジカミキリ

甲虫目カミキリムシ科

日本一立派なカミキリムシはシロスジカミキリだろう。怒ると、胸をこすり合わせてキイキイと音を出し、立ち上がって威嚇をする。

薪に多く集まるゴマフカミキリ。あまり人気のないカミキリだが、目が小さくてかわいらしい。

クワやイチジクの木に多いキボシカミキリ、エレガントなカミキリムシだ。

カミキリムシの大きな複眼

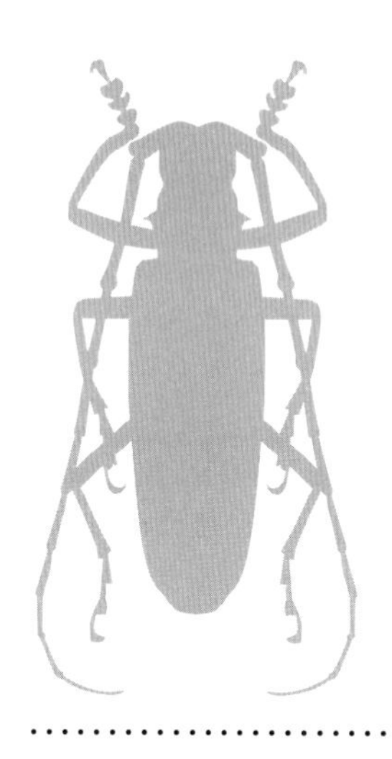

学名：Batocera　lineolata
分布：本州～奄美
環境：雑木林
体長：45 ～ 52㎜

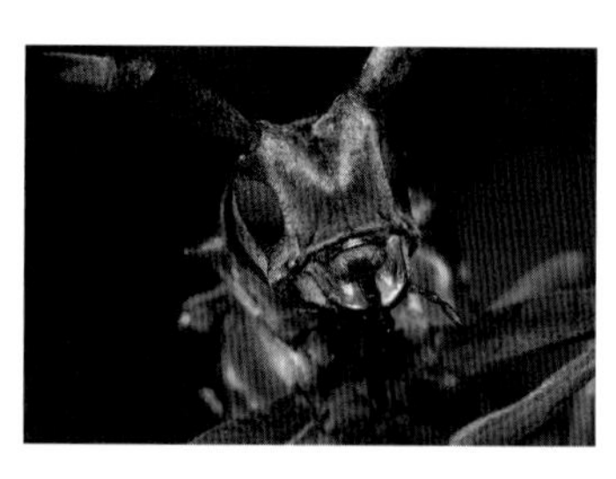

植栽したシラカバの木を枯らすと評判が悪いゴマダラカミキリだが、よい顔をしていると思う。

昆虫の目は複眼(ふくがん)である。複眼は小さなレンズがたくさん集まってできている。一般に昼間活動し、目が感覚器として重要な役割をする昆虫、特に他の昆虫を捕らえるなど視力が生活に重要なものほど大きな目をしている。

ところがシロスジカミキリは夜行性であるし、他の昆虫を捕らえて食べるわけでもない。それに触角が発達していて、感覚器としてはにおいの方が重要だとも思える。にもかかわらずシロスジカミキリの目は巨大である。顔の半分ぐらいは目である。オスの方が目が大きいから、恐らくはメスを探すときに視覚は重要な役割をするのではないだろうか。

夜行性で視覚が重要な場合は、むしろ昼行性の動物の目よりも当然大きくなる。本来夜行性で大きな目を持つ猫の目も、夜には瞳孔が開いて黒目の部分が大きくなる。

もう一つ考えられるのは、この目は威嚇のためであるというものだ。目が大きいというのは肉食のものや体の大きなものの特徴であるから、目が大きいことで相手に威圧感を与えることができるのだ。

シロスジカミキリは怒ると胸を擦り合わせてキイキイという音まで立てる。

ともかくもシロスジカミキリの目は見ていて迫力がある。仮面ライダーなどのキャラクターにも、シロスジカミキリをヒントにしたのではないかと思うものがあるほどだ。

コナラシギゾウムシ

甲虫目ゾウムシ科

日本で一番大きなゾウムシはオオゾウムシだ。粒状の体と木にしっかりとしがみつくための鉤爪が特徴だ。体は硬く、ちょっとやそっとではつぶれない。

こちらも硬いゾウムシ。その名もクロカタゾウムシ。西表や石垣の島に棲んでいる。

ホホジロアシナガゾウムシは頬が白っぽい。基本的に冬も木の枝にとまって過ごす。

長い口は穴あけドリル

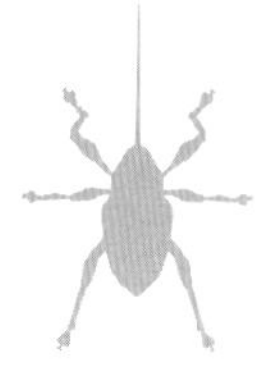

学名：Curculio　dentipes
分布：北海道〜九州
環境：雑木林
体長：10 〜 12㎜

ウドの葉で交尾していたヒメシロコブゾウムシ。上がオスだ。背中の突起が特徴的。

象の鼻のように長く見えるのは口である。コナラシギゾウムシの口器はまるでドリルのような役目をする。

この長い口を、左右によじるようにして堅いドングリに穴をあける。卵を産みつけるための穴をあけるのだ。ドングリの中に産みつけられた卵はやがて孵化(うか)し、幼虫は中を食べて育つ。ドングリが地上に落ち、成長した幼虫はドングリから出て、地中に潜り蛹(さなぎ)になる。とてもよくできている。

よく似た生活をするハイイロチョッキリという甲虫がいる。この甲虫もゾウムシに極めて近い仲間である。ハイイロチョッキリもやはり長い口器を持っていて、これでドングリに穴をあけ、中の実の汁を吸ったり、産卵のための穴をあけるために使うのである。

先端にある大顎は左右にも動く。ハイイロチョッキリは産卵した後にドングリの実だけではなく、ドングリがついた枝ごと切り落とす。わずか数ミリの太さの枝といっても体長1㎝もないこの甲虫にとっては、ひと抱えもある幹を口だけで切り落とすようなものだからすごいと思う。

オトシブミ

甲虫目オトシブミ科

口と脚を使って葉の付け根を上手に切るオトシブミ。

オトシブミのオスがメスを巡って喧嘩をしている。戦いの武器は長い首だ。

落とし文

学名：Apoderus　jekelii
分布：北海道～九州
環境：林の周辺
体長：7 ～ 10㎜

ハンノキの葉を巻くオトシブミ。

オトシブミの仲間もゾウムシに近い甲虫だ。オトシブミは漢字で落とし文と書く。「落とし文」とは、こっそりと見せたい恋文などを巻紙に書いて、相手の気がつきそうなところに落としておく手紙のことだ。

オトシブミの仲間は葉を筒状に巻いて、その中に卵を産みつける。多くの場合、巻き上げた筒を最後に切り落とす。ゴマダラオトシブミなど巻きっぱなしで切り落とさない種もいるし、オトシブミのように、その時の状況で落としたり落とさなかったりする種もある。利用する葉は種類によって大体決まっている。オトシブミが巻く葉は、クリ、クヌギ、シラカバ、ハンノキの仲間などだ。

５月頃広葉樹の多い山道を歩けば、必ずといっていいほどきれいに筒状に巻かれた葉が落ちている。これは全てオトシブミの仲間の仕業である。オトシブミの作ったこの筒は揺籃（ようらん）と呼ばれ、孵化（ふか）した幼虫は中から葉を食べて育つ。葉を巻くときには近くにオスがいることがあり、２匹のオスが長い首を使って喧嘩することもある。しかしオスは葉を巻くのを手伝うわけではない。メスと交尾し、子孫を残したいのである。

アカガネサルハムシ

甲虫目ハムシ科

クルミハムシはクルミの木に生息している。ハムシの仲間は食べる植物が決まっている。

6mmほどの大きさで小型だが、美しいキクビアオハムシ。

体長4mmにも満たない小型のルリマルノミハムシ。花にいて、触るとぴょんと跳ねる。

オオルリハムシの体長は12mmと大きく、色も青、緑、赤、茶など様々で美しい。

美しいものには毒がある

学名：Acrothinium　gaschkevitchii
分布：日本全国
環境：林の周辺
体長：約 7㎜

ムナキルリハムシも大きさは 5㎜ に満たない。フィルム上で 5 倍の拡大撮影だ。

愛嬌のある顔をしたクロウリハムシ。庭や畑で普通に見られる。

美しいといえばハムシの仲間だ。ハムシのほとんどの種が5㎜程度の小型の甲虫である。ハムシはその名の通り、葉の上にいて葉を食べる甲虫だ。ハムシが多いのは葉が柔らかな初夏で、多くの種は5～6月に出現する。低山地に多く、道ばたの様々な植物に色々な種のハムシがいる。

ハムシの仲間は体内に毒を持っているといわれ、食べるといやな味がするらしい。それで鳥などの敵に襲われにくいので、目立ってもよいというのか、甲虫の中で最も目につくグループの一つである。

ハムシの毒はそれほど強くはないようで、全く食べられないというわけではなさそうだ。だが、ルリハムシなどがハンノキにいやというほど群生していて、時には葉を食い尽くしてしまうこともある。

不思議なことにハムシを標本にするとその美しい色が残らないものが多い。これは美しい色は体内で作られる毒が醸し出す色素の色であって、死ぬとその色素が酸化して色が変わってしまうのかもしれない。

ヤマトタマムシ

甲虫目タマムシ科

美しいタマムシのメスが薪に産卵しに来たところ。薪に卵を産んでも幼虫は育たないのに、そんなことはこのタマムシは知らない。

コナラの伐採木にいたクロホシタマムシ。体長12㎜ぐらいと小さいが、大変美しいタマムシでコナラなどの木に卵を産む。

着物が増えるという言い伝えがあるタマムシ

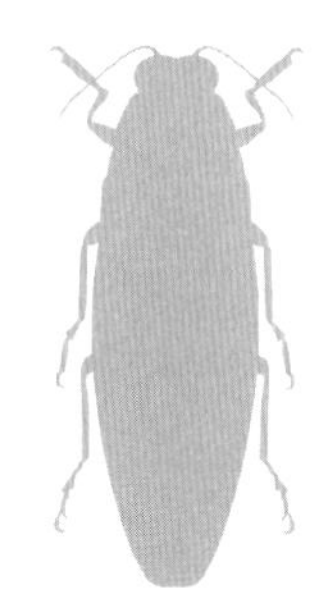

学名：Chrysochroa　fulgidissima
分布：本州〜沖縄
環境：林の周辺
体長：30 〜 40㎜

クロタマムシの顔をアップにしてみた。ファインダーの中で目があった。結構大きい目にびっくりした。

美しい昆虫の代表といえばこのタマムシだ。タマムシは昆虫の王様といわれる。昔は玉虫を捕まえるとその死体をタンスに入れておく風習があった。これはそんな昔のことではなく、つい最近まで普通に行われていた。

美しいから着物が増える縁起物という意味があるのかもしれないし、昆虫の王様だから害虫も恐れて近づかないという防虫剤の目的もあるかもしれない。しかし実際にタマムシを入れておいて、どれほどの効果があるかはわからないが。

昆虫標本にはカツオブシムシという乾物につく甲虫が発生し、標本を食べてしまうことがある。このカツオブシムシは絹や毛糸も食べるから、標本と衣類を一緒に保管するのは禁物だ。衣類が食べられて困ることもあるし、標本が食べられて困ることもある。そういえばタマムシの標本は他の甲虫と比べてカツオブシムシがあまりつかないような気がする。何か毒でもあるのだろうか。

ジョウカイボン

甲虫目ジョウカイボン科

メスが餌を食べているときに交尾すれば、オスは安全に交尾ができる。

肉食の昆虫は恐い。時には仲間も食べてしまう。

危険な交尾

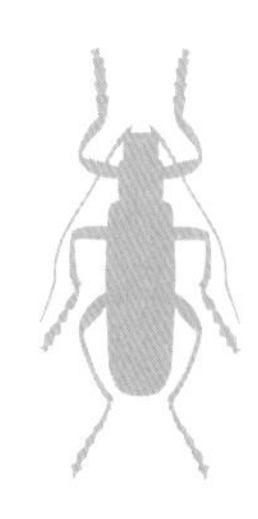

学名：Athemus suturellus
分布：北海道～九州
環境：林の周辺
体長：15 ～ 20㎜

幼虫も肉食で早春から活動し始め、昆虫の死体などを食べる。

ジョウカイボンは肉食の甲虫で他の昆虫を捕らえて食べる。顔を見てもそれほど獰猛そうには見えないし、たくさんいるわりに食べている現場は押さえにくい。普通の甲虫は昼行性か夜行性かが決まっているが、ジョウカイボンは昼夜の区別なく活動している。食べる時間も決まっておらずにいい加減なヤツのようだ。そのあたりが観察しにくい理由かもしれない。

ジョウカイボンのメスが餌を食べながら交尾していた。餌を食べているところにオスが近づき交尾したのだろうが、肉食の昆虫のオスは大変だなといつも思う。相手の機嫌が悪かったり、お腹がすいていたりしたら下手をすれば自らの命を落とすことになるからだ。大体昆虫はメスのほうがオスより体も大きく力も強い。

肉食の昆虫の中にはオドリバエやシリアゲムシのようにオスがメスにプレゼントをあげて、食べている間に交尾をする種すらあるほどだ。

アオオサムシ

甲虫目オサムシ科

セミの死骸を食べる。時には死んだ虫も食べるのだ。

飛ぶことができない甲虫

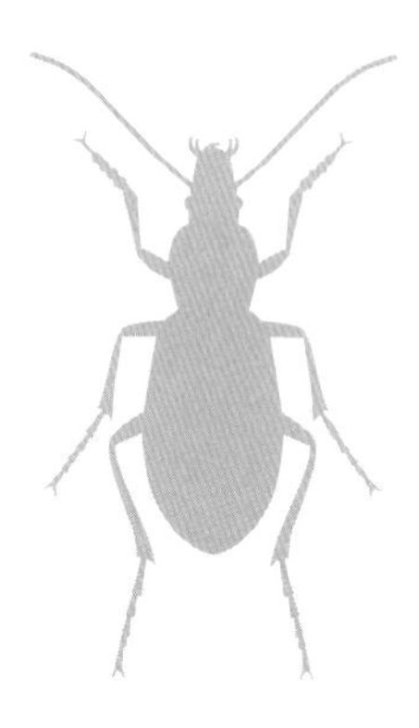

学名：Carabus insulicola
分布：本州（関東以北）
環境：林の周辺の地面
体長：約30㎜

カタツムリを食べるヒメマイマイカブリ。カタツムリも防御で泡を出して撃退しようとするが、たいていは食べられてしまう。

アオオサムシは関東地方や中部地方では最もよく見かけるオサムシだ。成虫で冬を越し、4月頃から活動をはじめる。初夏から夏は幼虫の季節で、真夏は成虫の数は少なく、夏の終わりにはまた数が増える。

オサムシは漢字で歩行虫と書くことがある。これはオサムシの習性をよくあらわしている。オサムシの仲間は飛ぶことができないものが多いからだ。英語でもグラウンドビートルと呼ばれることからもわかるだろう。カタビロオサムシの仲間を除き後翅(こうし)が退化しているものが多いのだ。その代わり脚は丈夫で長く、地面を走り回るのに適した体つきをしている。

主に夜に活動するが、春先は夜は気温が低いので昼間も歩き回って、餌を探す。主に生きたガの幼虫やミミズを食べるが、死んだばかりの昆虫を食べることもある。オサムシの仲間は種類が多いが、同じ種類でも地域によって地方変異が大きい。それは飛ぶことができないので、大きな川や高い山があると移動できないためだ。分布が比較的狭いアオオサムシは地域による変異が少ない種だ。

ハンミョウ

甲虫目ハンミョウ科

アリを捕まえて体液を吸うハンミョウ。

大きな顎は交尾の時にも使われる。メスの首を大顎でつかんだオス。

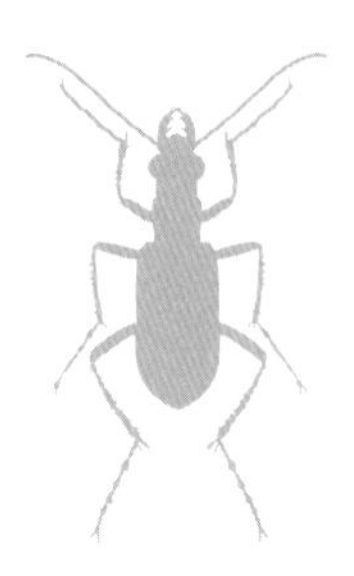

学名：Cicindela　chinensis

分布：本州〜九州

環境：林の周辺の日当たりのよい地面

体長：約 20㎜

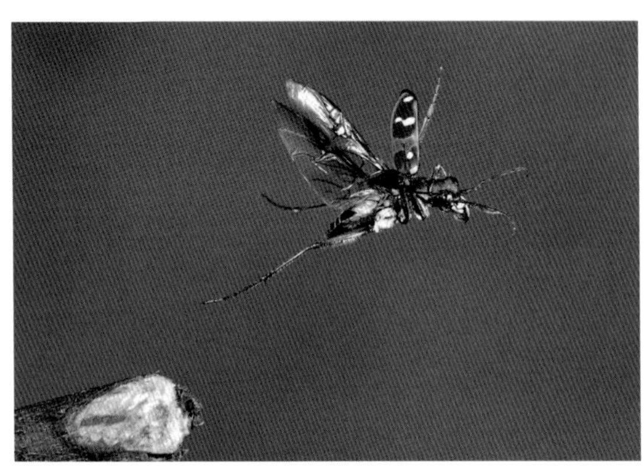

ハンミョウはよく飛ぶがすぐに地面に落ちるので撮影しやすい昆虫だ。

ハンミョウは初夏の頃、山道でよく見かける非常に美しい甲虫だ。ハンミョウは別名、道教えとの呼び名がある。これは山道を歩いていくと、ハンミョウが飛び立ち、先へ先へと少し飛んでは道に降りる習性からつけられた名だ。

ハンミョウは成虫も幼虫も肉食で、アリなどの小型の生きた昆虫を捕らえて食べる。幼虫は固い地面に垂直に小さな穴を掘ってその中に棲んでいる。頭が平たく、穴の入口をふさぐようにして獲物をじっと待っている。穴の上をアリなどが通りかかると、上半身を反り返らせて穴から飛び出し、鋭い大顎で獲物を捕らえる。獲物に穴から引きずり出されないように、背中にはコブがあり、穴の壁に引っかかるようになっている。

ハンミョウの成虫の大顎は獲物を捕らえるためのものだが、オスはメスと交尾するときにも大顎を使う。大顎でメスの首をつかんで交尾する。ハンミョウは年に1回の出現で、初夏に地面に産まれた卵は初秋には成虫になり、成虫越冬する。越冬は日当たりのよい砂質の崖などに穴を掘って行う。通常数匹が集団で越冬する。

ゲンゴロウ

甲虫目ゲンゴロウ科

水の中を泳ぐゲンゴロウ。後脚には毛がたくさん生えていることがよくわかる。弱ったり死んだ魚のにおいをすぐに嗅ぎつけて集まってくる。

ガムシが水面に首を出して空気を取り入れているところ。お腹はためられた空気で銀色に光っている。

ゲンゴロウとガムシ

学名：Cybister　japonicus
分布：本州〜九州
環境：低山帯の水のきれいな溜池など
体長：35 〜 40㎜

ミズスマシの複眼は、
上下に分かれていて、
水上と水中を同時に
見ることができる。

ゲンゴロウとガムシは一見よく似ているがゲンゴロウは肉食、ガムシは草食の甲虫だ。両種共に水中生活者で、体も他の甲虫とは異なる。

ゲンゴロウの後ろ脚は毛がたくさん生えていて、水の中を泳ぐときに足ひれのような役目をする。ゲンゴロウは大体は弱った魚や死んだ魚を食べるが、極めて活発に水中を泳ぎ魚を捕らえて食べることもある。水中をすばやく移動するのに、この後ろ脚は便利である。

一方、ガムシは水中の植物や枯れ葉を主な食事としている。植物食なので、そんなに素早く泳ぐ必要はないのか、後ろ脚はそれほど発達せずに、水底を歩き回る。

水中で長く留まるには呼吸の工夫が必要だ。ゲンゴロウは尻を水面に出し、翅(はね)の下に空気をためる。ゲンゴロウの尻に空気の泡がついているのは、息を吐いているところだ。

ガムシは首を水面に出し空気を取り入れる。横から見ると空気が取り入れられる様子がよくわかる。腹側に毛があってそこに空気をためるので、空気をためたガムシの腹は水中で銀色に光って見える。

ナナホシテントウ

甲虫目テントウムシ科

ナナホシテントウの交尾。上に乗っているのがオスである。
オスもメスもあまり違わないが、メスの方が丸っこく大きい。

オオニジュウヤホシテントウは草食性のテントウムシ。ジャガイモの葉を食べるので嫌われ者でもある。

ナミテントウの顔。口の下の髭のように見えるものは小腮鬚と呼ばれる。味を知るためのものと思う。

見かけによらず獰猛な甲虫

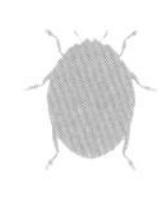

学名：Coccinella　septempunctata
分布：北海道〜八重山
環境：農地、草地
体長：約８㎜

時には幼虫を捕まえて食べてしまうこともある。ナナホシテントウは結構獰猛な甲虫だ。

岩の割れ目などに集まって集団で越冬するナミテントウ。陽の当たり方で少しずつは移動をしているようだ。様々な斑紋の個体がいる。

ナナホシテントウは草原で見られる代表的でなじみのあるテントウムシだ。ナミテントウのような個体変異はなく、どれも赤地に7個の黒い水玉模様をつけている。

テントウムシは漢字で天導虫と書くことがある。それはテントウムシを指にのせると上に登っていき、指先から空へ向かって飛び立つ習性による。この習性と愛らしい姿から、ヨーロッパではテントウムシは幸せを呼ぶ虫とされている。

ところがテントウムシは実はとても獰猛(どうもう)な虫である。その餌は幼虫も成虫も生きたアブラムシだ。マクロレンズでアブラムシをむさぼり食うテントウムシの姿を覗くとすごい迫力だ。ナナホシテントウムシはお腹がすくと、自分の幼虫も捕まえて食べることもある獰猛な昆虫である。

ナナホシテントウの幼虫期間は短く、卵から成虫まで1ヶ月もかからない。夏の暑いのは苦手であるらしく、主に活動するのは春先と秋だ。

秋に羽化した成虫は成虫越冬するが、越冬している期間は短い。冬が暖かな地方ではほんのちょっと寝るだけで、2月にはもう活動し卵を産むほどだ。

ゲンジボタル

甲虫目ホタル科

交尾しているゲンジボタル。オスはメスの出す光を目当てにメスのいる場所に行く。

ゲンジボタルは夜の8時から10時頃が最も活発だ。ホタルの光跡を写真で写すにはまだ空の明かりが残っている8時頃がよい。

光は愛の言葉

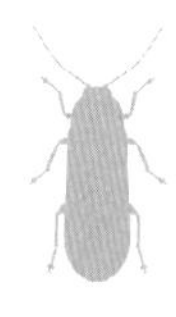

学名：Luciola　cruciata
分布：本州～九州
環境：清流
体長：10 ～ 15㎜

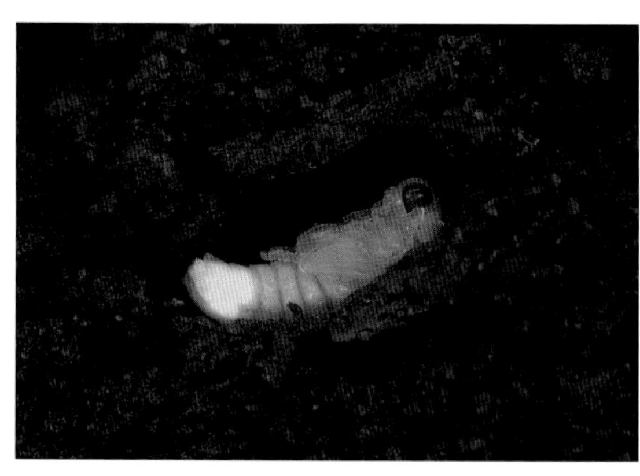

土の中の蛹。蛹の時代もよく光る。

昼間活動する昆虫は視覚に頼ってオスメスが出会うものが多い。最終的な種の確認は臭覚に頼る。夜行性の昆虫は主ににおいを頼りに出会い、最終的には視覚を使うものもいる。夜は暗いから視覚は相手に近づかないと役立たない。ところがゲンジボタルは光を信号にしてオスメスが出会う。これは夜行性の昆虫にとっては画期的なことだ。

ゲンジボタルの幼虫はきれいな水に棲み、カワニナという貝を食べて育つ。だから水がきれいでカワニナのいる川があることが、ゲンジボタルの生息条件になる。幼虫はサクラの咲く頃の雨の降った日の夜、川から上陸し地中で蛹になる。ゲンジボタルは卵、幼虫、蛹、ともに発光する。

ホタルは種によって光り方が異なり、別種の信号には反応しない。たとえばゲンジボタルとヘイケボタルはよく似ているが、ゲンジボタルは約4秒に1回光り、ヘイケボタルは発光間隔が短いので間違えることはない。

意外に知られていないが、世界のホタルで光るのはごく一部の種類だけである。日本のホタルでもオバホタルなどは光らない。

またマドボタルの仲間など、成虫になってもメスが幼虫の形をしているものもいる。

ナミアゲハ

鱗翅目アゲハチョウ科

ヒャクニチソウの蜜を吸うナミアゲハ。アゲハの仲間は毎日同じ場所を巡回する習性があり、この花壇にも毎日やってきた。

都会の街路樹の根元にあったグレープフルーツの木にはナミアゲハの幼虫がいた。ミカン科の植物があれば都会でも生きられる。

チョウの体

学名：Papilio　xuthus

分布：北海道～九州

環境：農地、草原

開長：約 100㎜〈夏型〉

チョウは他の昆虫と同じように、体は頭部・胸部・腹部の三つに分けられる。ほかの昆虫と比べると翅が著しく大きく、美しい鱗粉で被われるのが特徴だ。翅の色や模様は、コミュニケーションの手段としてその色や模様が使われるのが特徴だ。

頭部には1対の複眼がある。複眼は通常1万個以上の個眼の集まりでできている。たくさんの個眼でできているから、物がたくさんに見えるわけではない。視野のおのおのの部分をつなぎ合わせて、全体を見る構造になっている。またチョウは色を識別することもできる。チョウは幼虫と成虫で全く異なる形態をしている。幼虫の頭部には単眼があり、明るさなどを感じることができる。口には大あご、小あご、糸を出す吐糸線などがある。

幼虫の胸部には三つの節があり、それぞれ一対ずつ計6本の脚がある。この脚は成虫の脚と同じ位置にある。腹部にも普通5対の腹足があるが、これは成虫になると消失する。

歩くためや体を固定するためには主に腹足が使われ、胸足は体の方向を決めたりするのに使われる。腹部にある5対の腹足は鱗翅目の幼虫の特徴である。幼虫は主にこの腹足を使ってゆっくりと歩く。

モンシロチョウ

鱗翅目シロチョウ科

可愛らしいと思っていたモンキチョウだが、案外恐い顔をしていた。モンキチョウには白色型と黄色型がある。

便利なストロー

学名：Pieris　rapae

分布：北海道〜八重山

環境：キャベツ畑など

開長：約 55㎜

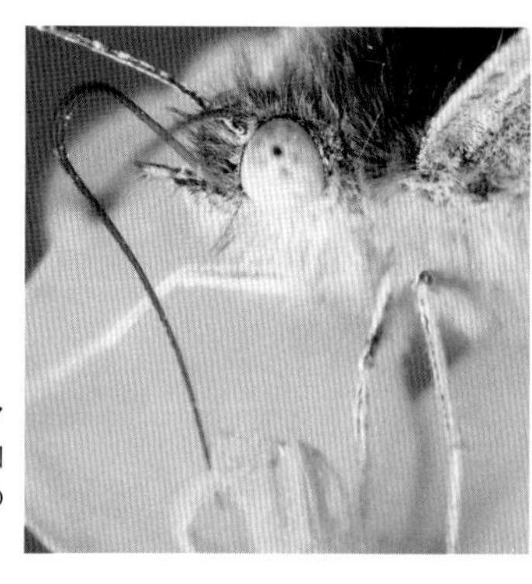

モンシロチョウがゼンマイのように巻いていた口を伸ばして、ナノハナの蜜を吸っている。

チョウの食べ物は花の蜜など液状のものだ。モンシロチョウは黄色や白の花が大好きという風に、チョウによって好む花の色は異なる。

口吻（こうふん）と呼ばれる口は1本の管のようになっている。ふだんはゼンマイ状に内向きに巻かれているが、蜜を吸う時はストローのようにピンとのびる。そして、のどの奥にある筋肉のポンプで蜜を吸い上げる。

触角はにおいをかぐ器官である。食物のありかや、産卵植物や、メスとオスの確認などに重要な役目をする。

触角の形はセセリチョウ科では一般に先端がとがり、ほかの科では先端が棍棒状になっている。

胸は前胸、中胸、後胸に分かれ、三つの節には、それぞれ一対ずつ計6本の脚がついている。脚は歩くためよりも、とまるときに体をささえる役目を果たす。けれどシジミチョウ科やタテハチョウ科のチョウたちは、花にとまった後に脚を使って目的地まで移動することも多い。

胸部のまん中と後ろの節にはおのおの一対の翅（はね）がある。翅は胸部についている飛翔筋（ひしょうきん）によって動かされる。チョウの翅は体に比べてとても大きいので、翅を打ちおろすと体は上にあがり、打ち上げると下に下がる。だからチョウはひらひらと飛ぶ。

オオムラサキ

鱗翅目タテハチョウ科

見晴らしのよい場所で翅をひろげてあたりを見張るオオムラサキのオス。オスは紫色の翅が美しい。

オオムラサキの幼虫。なかなか愛嬌のある顔をしていると思わないだろうか。

日本の国蝶

学名：Sasakia　charonda

分布：北海道〜九州

環境：雑木林の周辺

開長：約 90㎜

オオムラサキは日本の国蝶である。日本、台湾、中国など東アジアに分布するタテハチョウ科のチョウで、この科の中では世界最大級の美しいチョウだ。幼虫はエノキの葉を食べる。

年1回、6月末から7月にかけて雑木林に出現し、滑空するように勇壮に飛ぶ。成虫はクヌギなどの樹液に群がる。食欲旺盛なチョウで、黄色い太い口で樹液を吸っているときは近づいても逃げないほどだ。熟した果実や汚物にもやってくるが花には全く見向きもしないのが不思議だ。

幼虫は頭部に2本の角があり、ユーモラスな顔をしている。晩秋、エノキの葉が落ちる頃になると、幼虫は茶色になる。やがて木から下りた幼虫はエノキの落ち葉の裏側にとまって、そのまま春まで眠りにつく。翌春、芽吹きに合わすように木に登り葉を食べて急激に大きくなる。

オオムラサキが属するタテハチョウ科のチョウは4本しか脚がないように見える。前脚は退化して短くなっていて、体を支えるためには役に立たない。けれど前脚は味を感じる役目をしている。樹液の味を確かめたり、産卵の時には前脚で葉をたたき植物の種類を確かめることができる。

ヤママユ

鱗翅目ヤママユガ科

ヤママユのメスの顔。ヤママユは口が退化していて成虫は何も食べない。オス（右ページ）と比べると触角が小さい。

オオミズアオのオス。薄いグリーンの美しいガ。初夏と真夏の２回出現する。

晩秋に出現するウスタビガのオス。大きな触角はメスの臭いをかぐためのもの。朝早い時間にメスを探す。

学名：Antheraea　yamamai
分布：北海道から九州
環境：里山
開長：約 130㎜

ヤマママユの成虫は7月末から8月いっぱい見られる。幼虫がコナラやクヌギを食べるので、雑木林の周辺に多い。卵で冬を越し、春先に孵化した幼虫は葉をもりもり食べて6月末には蛹になる。蛹を包む繭はたいへん美しい緑色か黄色である。繭からは良質の絹が得られるので飼育されていることもある。

成虫は口が退化していて何も食べることができない。幼虫時代に蓄えた栄養が活動源の全てである。短い命の中でオスはメスを探すことだけが仕事で、メスは産卵することだけが成虫となった目的である。

ヤママユは夜行性で、交尾も夜間に行われる。羽化したメスはフェロモンというにおいを尻から出しオスを呼ぶ。オスの大きな鳥の羽毛のような触角はメスのにおいを感知するための重要な器官だ。

ヤママユの後翅には大きな二つの目玉のような模様がある。とまっているヤママユは驚くと後翅を動かす。すると翅が動物の顔のように見える。

ネコや猛禽類など捕食性の動物は、正面を向いた二つの大きな目玉を持つ。動物の目玉の大きさはだいたい体の大きさに比例する。ガを食べようとした小鳥は、そこで大きな目玉を見せられると、自分より大きな強い動物がいると錯覚して驚くらしいのだ。天敵の鳥を脅すためのものだと考えられている。

カイコ

鱗翅目カイコガ科

カイコは飛べないガだ。大きな触角は異性のにおいをかぐためのもの。なんとなく愁いを帯びた表情に見える。

卵を産むカイコ。それが成虫になったメスの唯一の仕事だ。

カイコの幼虫。木にのぼることもできない哀れなイモムシだ。

絹糸を作る

学名：Bombyx　mori
環境：飼育されている
開長：約 35㎜

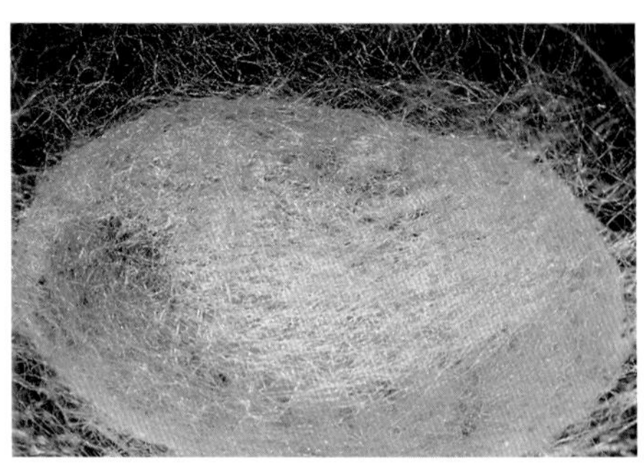

繭を作る幼虫。この美しい絹糸がために、人に飼われるようになったのだ。

カイコは飛ぶことができなくなってしまったガの仲間だ。絹をとるために5000年ほど前に中国で野生のガを家畜化したのが、その起源だといわれている。幼虫は木の枝にとまる力が弱く、桑の木につけてもすぐに落ちてしまう。運動能力が極度に退化しているため、餌のクワの葉の上に置いておけば逃げることもない。カイコの祖先は、現在でも野生で見られるクワゴではないかと考えられている。

良質の絹をとるために改良が行われたくさんの品種がある。管理が厳しく行われたおかげで、様々な生物学的なことがわかっている。カイコはメスが性フェロモンを出し、それに引きつけられたオスがメスのところにきて交尾するという、一般的なガと同じ行動をとる。性フェロモンは種によって構造が異なるが、その構造はカイコではじめて明らかになり、カイコの学名のBombyxからボンビコールと名づけられたのは1959年のことだ。

絹は江戸時代から輸出の花形で、養蚕は日本の基幹産業だった。1930年代は年に40万トンもの繭が生産されたという。それが2005年にはわずか620トンになってしまった。

カギシロスジアオシャク

鱗翅目シャクガ科

コナラの枝にとまるカギシロスジアオシャクの幼虫。どこまでが幼虫で、どこがとまっているコナラの枝かわかるだろうか。

トビモンオオエダシャクの幼虫はシャクトリムシ。10cm近い大きさになるが枝そっくりで目立たない。

巧妙なカムフラージュ

学名：Geometra　dieckmanni
分布：北海道〜九州
環境：住宅地、雑木林など
開長：約40㎜

キエダシャクがバラの枝そっくりにとまっている。まったく恐れ入る。

シャクガ科のエダシャクの仲間は幼虫が木の枝そっくりなものが多い。トビモンオオエダシャクはその代表だ。

トビモンオオエダシャクは春先に活動するガで、成虫も木の幹にとまっていると木の幹に紛れてなかなか見つからない。親子ともにカムフラージュの達人である。

さらに上手を行くのがキエダシャクやカギシロスジアオシャクの幼虫だ。キエダシャクは新しく伸びたノバラの枝にそっくりである。ノバラの新芽には赤っぽい棘(とげ)がある。キエダシャクの幼虫も薄緑色の体に、赤みを帯びた棘のような突起がある。胸脚すら先端は赤黒くなっていて小さな棘のように見える。

カギシロスジアオシャクの幼虫はコナラやクヌギの葉を食べる。幼虫が成長する時期は、ちょうど芽が膨らみ葉が伸びてくる季節だ。カギシロスジアオシャクの1㎝ぐらいの幼虫は体の前と後ろが茶色で、膨らんだ木の芽そっくりになってくる。そして、数日して葉が伸びはじめるのに合わすように幼虫は脱皮して、今度は背中の茶色の突起が目立つようになる。そして体の前半部は緑色になってくるのである。さらにその背中の突起は、伸びはじめた芽についている鱗片(りんぺん)のように見えるから恐れ入る。

オオフトヒゲクサカゲロウ

脈翅目クサカゲロウ科

飛ぶオオフトヒゲクサカゲロウ。大きな目は群青色に輝く。クサカゲロウの仲間の目は種類によって、様々な色をしている。

幼虫の餌であるアブラムシの近くに長い柄のついた卵を産むクサカゲロウ。この柄は卵が他の昆虫に食べられないために有効なようだ。

日本一大きなクサカゲロウ

学名：Italochrysa　nigrovenosa
分布：本州、九州
環境：雑木林の周辺
開長：約 55㎜

クサカゲロウが飛び立つ瞬間。クサカゲロウは飛翔中の姿が一番美しいと思う。

オオフトヒゲクサカゲロウは日本一大きなクサカゲロウの一つだ。緑色のクサカゲロウの多い中、美しい黄色のオオフトヒゲクサカゲロウはひときわ目立つ。

クサカゲロウの仲間は、アミメカゲロウ目の昆虫でウスバカゲロウに近い。さわると、くさいにおいがする。クサカゲロウの名の由来はこのにおいのためなのか、草のような緑色なのでクサカゲロウなのか定かではない。

卵はまとめて産みつける種類が多く、細い糸のようなものの先についている。明かりに飛来し室内の電灯の傘などに産みつけられることもある。この卵はウドンゲの花と呼ばれ、この卵があると不吉なことが起こると昔は信じられていた。

オオフトヒゲクサカゲロウはアリの巣に寄生するらしいが、多くのクサカゲロウの幼虫は草の上を徘徊し、アブラムシを食べて成長する種類が多い。幼虫は背中にアブラムシの死骸や抜け殻をたくさん背負っている。アブラムシの集団の近くで５㎜～１㎝ほどのゴミのかたまりが動いていたら、それがクサカゲロウの幼虫である。

キバネツノトンボ

脈翅目ツノトンボ科

キバネツノトンボの交尾。キバネツノトンボは林の近くの開けた草地を好む。

仲良く2匹のキバネツノトンボがとまった。左は休むために翅を閉じている姿勢で、右はすぐに飛び立てるように翅を開いている状態だ。

オオツノトンボが産卵している。ツノトンボは草や木の枝に卵をまとめて産む。

トンボでないトンボ

学名：Ascalaphus　ramburi
分布：本州〜九州
環境：日当たりの良い草原
体長：約 20㎜

キバネツノトンボの幼虫。アリジゴクとよく似ているが、巣は作らず、地上で虫を捕らえる。

ツノトンボの仲間は脈翅（みゃくし）目の昆虫で、トンボとは全く異なるグループの昆虫だ。脈翅目の昆虫にはウスバカゲロウ、クサカゲロウなどがいる。大きさがトンボぐらいで、透明な翅（はね）を持つことなどからトンボと勘違いされることもある。ツノトンボの名前の由来ともなっている触角は極めて長く、その先端は棍棒状になっている。

キバネツノトンボは乾燥した山地の草原に、初夏に現れる美しいツノトンボだ。草原の上を活発に飛び、小さな昆虫を捕らえて食べる。ツノトンボ類の幼虫も肉食で、形はウスバカゲロウの幼虫のアリジゴクによく似ている。

しかしアリジゴクのように巣を作って獲物を待ち伏せるのではなく、地上を歩き回って積極的に獲物を探す。牙は大きく昆虫を捕らえて体液を吸う。

ヘビトンボもトンボと名づけられているが、やはり脈翅目の昆虫だ。幼虫は水中に生息しマゴタロウムシとして著名で、疳（かん）の虫などに効くとされる。幼虫にも成虫にも鋭い牙があり、かまれると痛い。

プライヤシリアゲ

シリアゲムシ目シリアゲムシ科

プライヤシリアゲが毛虫を食べているところ。

ヤマトシリアゲの交尾。メスが餌を食べている間に交尾をすれば、オスは食べられることがなく安全だ。

メスにプレゼント

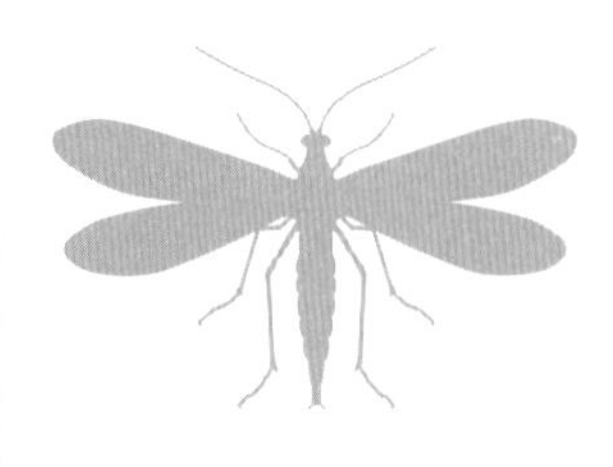

学名：Panorpa　pryeri
分布：北海道～九州
環境：平地～山地
体長：15 ～ 22㎜

オオハサミシリアゲのオスの尻尾は、まるでサソリのそれみたいに膨れていて刺しそうにも見える。このハサミは多分メスと交尾するときに使うのだろう。

シリアゲムシの仲間は初夏から夏にかけて、湿った沢沿いの林などに多い。オスの腹端がサソリのように反っているので、尻上げ虫と名がついた。英名ではスコーピオンフライと呼ぶ。

太く鋭い口を持つ肉食の昆虫で、主に弱った昆虫や死骸などから汁を吸う。シリアゲムシの仲間にはヤマトシリアゲなど、オスがメスに餌を与えてから交尾するという面白い習性のものがいる。オスは自分で探した餌のところでメスを待ち、メスが食べている間に交尾する。メスと交尾したいオスは、食べ物を自分で食べずにメスにプレゼントするのである。肉食の昆虫では、メスが食べているときに交尾する昆虫は結構多い。これは交尾しようとして、逆にメスに食べられてしまう危険を回避するためであろう。

シリアゲムシの仲間は、完全変態する昆虫の中では最も原始的な昆虫の一つだ。昆虫の世界では、原始的といわれるカメムシやハサミムシなどの昆虫に子守りをするものがいたり、シリアゲムシなど交尾行動に複雑な習性を持つものが多いのは興味深い。

トノサマバッタ

直翅目バッタ科

葉をもりもりと食べるトノサマバッタ。
大顎は単子葉植物を切り取って食べるのに都合のよい形だ。

クルマバッタモドキの顔。野武士のようで、少し無骨だ。トノサマバッタに似ているが、少し小さいバッタだ。

力強い後ろ脚

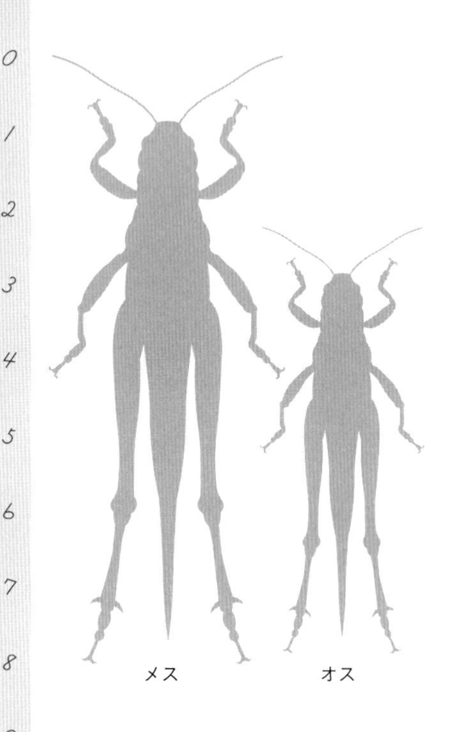

学名：Locusta　migratoria

分布：北海道～八重山

環境：田園、草原

体長：♂ 35 ～ 40㎜、♀ 45 ～ 65㎜

トノサマバッタは体のがっしりした日本で一番立派なバッタだ。一般にトノサマバッタは卵で越冬し、東京以北では年1回夏から秋に発生する。東海地方から西の暖かな地方では6月と9月頃の2回発生し、九州南部などでは年中発生して冬にも幼虫が見られる。

トノサマバッタの脚はとても太く、ひと飛びで1m以上もジャンプすることができる。空中に飛び出すときは、まず後ろ脚でジャンプし、空中で翅(はね)を開いて空高く舞い上がる。こうすることで、直接地上から飛び立つより速く、しかもエネルギーも使わずに移動することができるのだ。

トノサマバッタには緑色の型と茶色の型がある。緑の濃い草原では緑色のものが多く、河原などでは茶色のものが多い。トノサマバッタは時に大発生することがある。幼虫時代を集団で暮らすと、体の色が普通の茶色より黒くなり翅も長くなる。このようなトノサマバッタは飛翔力が強く、時に集団で植物を食い荒らしながら移動することがあり恐れられている。

ハサミのような口で、切り取るようにムシャムシャと葉を食べるトノサマバッタの幼虫。

ショウリョウバッタ

直翅目バッタ科

茶色型のメス。枯れ草の間で目立たない。幼虫のうちから緑型と茶色型がいる。

緑色型のメス。緑色の草の間で目立たない。

草に隠れる

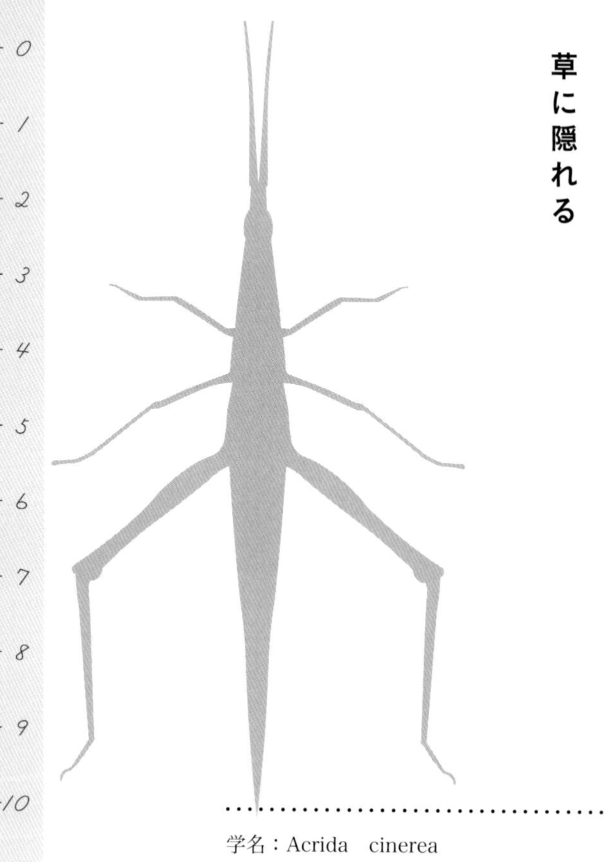

学名：Acrida　cinerea

分布：本州～八重山

環境：田園、草原

体長：♂ 40 ～ 50㎜、♀ 75 ～ 80㎜

ショウリョウバッタはオスとメスでずいぶん大きさが違う。メスは日本のバッタの中で体長が一番長い。オスはキチキチバッタと呼ばれ、飛んでいるときに翅と後ろ脚を擦り合わせてキチキチと音を立てる。

ショウリョウバッタは緑と茶色の型があり、中間の色彩のものもいる。体の細いショウリョウバッタの色は、細い葉の多い草地では、草に紛れてよい隠蔽色になっている。草地では緑色のものが、枯れ野原では茶色のものが目立たないが、実際の草原は緑の植物と枯れた植物に枝などが入り交じっているから、最も目立たないのは中間型である。

バッタは不完全変態の昆虫で、幼虫のときも成虫とあまり形は違わないが、幼虫のときは翅がない。しかし、成虫でもフキバッタの仲間のように翅がない種類もいる。

オンブバッタはオスがメスと比べずっと小さい。交尾しようとオスがメスの上に乗っていることが多く、よく親子と間違えられる。

オンブバッタは畑の脇の草むらなどに多い小さなバッタだ。オスがいつもメスの上に乗っているので、この名がある。

コバネイナゴ

直翅目バッタ科

メスが赤いのでメスアカフキバッタという名をつけられた。

ツチイナゴの幼虫はひょうきんな顔つきだ。顔を花粉だらけにしてハイビスカスの花を食べていた。

ユーモラスなバッタ

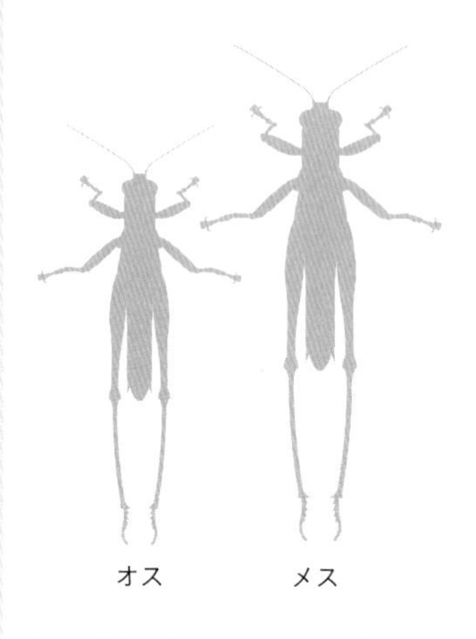

学名：Oxya　yezoensis
分布：北海道～九州
環境：田園
体長：♂ 16 ～ 33㎜、♀ 18 ～ 40㎜

稲の葉を食べるので嫌われ者になってしまったコバネイナゴ。

コバネイナゴは水田に多いバッタだ。単にイナゴというとコバネイナゴをさす。他にハネナガイナゴがいて、こちらは翅（はね）が腹部より長いので区別できる。

イナゴは漢字で稲子と書く。稲から生まれたと信じられてつけられた名かもしれない。稲の葉を食い荒らすことで嫌われるが、イナゴがたくさん食べるようになる頃には稲はもう十分成長しているから、最近では被害はさほど聞かない。

イナゴはイネ科植物の葉を食べるが、実際はイナゴが食べるのはイネの葉で、実った米そのものを食べるわけではないので、大発生しなければそれほど深刻な問題にはならない。

昔は稲が実った頃に害虫駆除をかねてイナゴ採りが盛んだった。イナゴはタンパク源の不足しがちな山間部などでは食料にされていたのだ。採ったイナゴは佃煮などにして食べるが、現在でも長野県などでは普通にイナゴの佃煮がスーパーで売られている。

キリギリス

直翅目キリギリス科

キリギリスの交尾。上がオスで下がメス。このあとオスは白い泡を出す。

真っ赤な鋭い口のクビキリギリスの顔。噛みついたら首が切れてもはなさない。

実ったイネを囓るヒメクサキリ。草を食べるよりおいしいのだろう。

頑丈な体

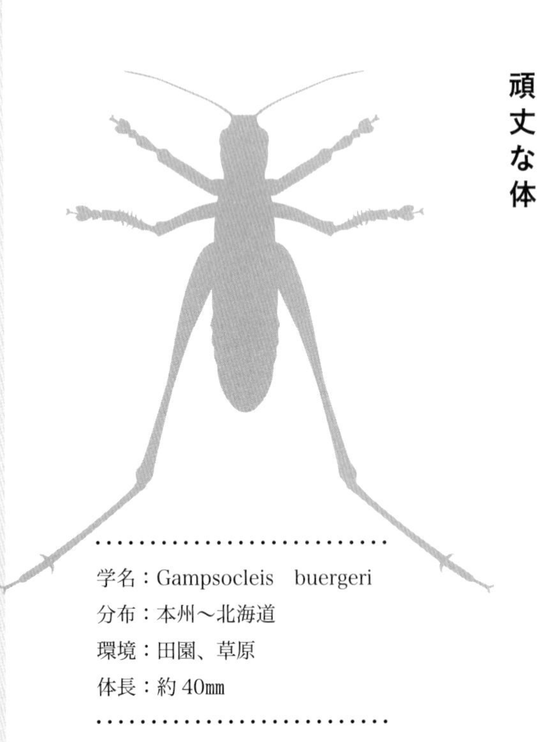

学名：Gampsocleis　buergeri
分布：本州〜北海道
環境：田園、草原
体長：約40㎜

こちらをにらむカヤキリ。大きな口を開けて「寄らば噛むぞ」。

イソップにアリとキリギリスの話がある。アリはせっせと働いているのにキリギリスは歌ってばかり。やがて冬が来て、とうとうキリギリスは死んでしまうという話だ。

アリは成虫で冬を越すが、キリギリスの仲間は秋の終わりに卵を産んでその一生を終えるものが多い。クサキリも同様な生活で、初夏に孵化した幼虫が８月に成虫となり10月末まで見られる。ところがクサキリによく似たクビキリギスのように成虫で越冬する変わり者もいる。秋に成虫になったクビキリギスは、越冬して春に鳴き、交尾し卵を産むのである。クビキリギスは頭がクサキリより尖っていることで区別ができる。

クサキリには緑の型と茶の型があるが、キリギリスの仲間では同じように緑と茶色のものがいる種類が多い。暖かい地方に多いカヤキリは、クサキリをふたまわりも大きくしたような、がっしりした体つきだ。顔はなかなかユーモラスだ。自分が強そうに見えることがわかるのか、触ろうとすると牙をむいてこちらを威嚇する。こういった習性は頭が大きく、大顎が発達したキリギリス類に共通する習性だ。

アシグロツユムシ

直翅目ツユムシ科

アスターの花粉を食べに来たアシグロツユムシの幼虫。

クダマキモドキの幼虫。

花を食べる

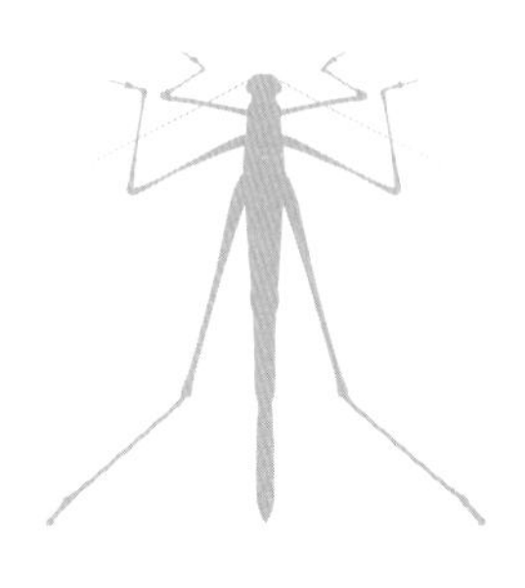

学名：Phaneroptera　nigroantennata

分布：北海道〜九州

環境：林の周辺

体長：約 20㎜

成虫も花粉を食べることが多い

ツユムシの仲間は細身で弱々しい感じのキリギリスの仲間だ。強くつかむと脚がとれてしまったりすることもある。ツユムシは幼虫が花粉や花びらを食べるものが多い。中でもアシグロツユムシは、幼虫も成虫も花が大好きだ。

ツユムシは河原や畑の脇の草地など明るい場所で多く見られるが、アシグロツユムシは林に多いツユムシ。脚が黒いのが特徴だ。ジュキー・ジュキーと小さな声で鳴くのだけれど、歳をとってきたら聞き取りづらくなった。音の周波数が高いのだ。キリギリス類はオスが鳴いてメスを呼ぶ。鳴き声が種ごとに違い、同種の鳴き声だけにメスが反応する。

幼虫はまだら模様で、花の上にいるととてもよく目立つが、草むらにいるとこれがよい保護色になってなかなか見つからない。

エンマコオロギ

直翅目コオロギ科

アブの死骸を食べるエンマコオロギのメス。エンマコオロギは雑食だ。

ツヅレサセコオロギの顔。秋遅くまで鳴いているコオロギだ。

鳴き声で愛を語る

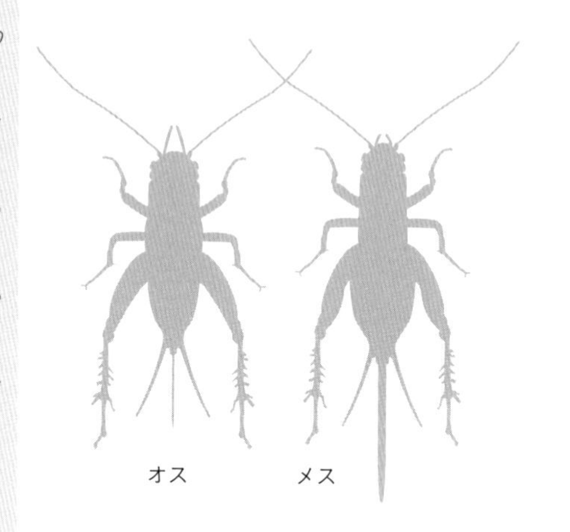

学名：Teleogryllus　emma
分布：北海道〜九州
環境：田園、草原
体長：26 〜 32㎜

ハラオカメコオロギのオスの顔。扁平で、左右がふくらんでいて、おかめの面に似ているのだという。

エンマコオロギは、顔がエンマ様のようだというのでつけられた名だ。年1回8月末からコロコロリーと哀愁を込めた声で鳴き出す。エンマコオロギは鳴き声を変えることで、仲間とコミュニケーションする。

コロコロリーはメスを誘う鳴き方で、オスのコオロギが巣穴の近くにやってきたメスを誘う鳴き声だ。コロコロコロと連続的に鳴くのは、なわばりを宣言したり、メスを呼び寄せるための鳴き方だ。オス同士が出会うとキリキリキリッと鋭い声を出す。これは喧嘩鳴きと呼ばれる。

たいていのコオロギは夏の終わりに成虫になる。鳴くのはオスだけで、種類によって、鳴き方や棲んでいる場所が異なる。

アリの巣の中には、翅(はね)が退化した小さなアリヅカコオロギが棲んでいることがある。このコオロギはアリの巣の中だけで見つかる変わったコオロギだ。アリヅカコオロギがアリの巣の中で何をしているのかはわからないが、アリはアリヅカコオロギを襲うことがないから、アリにとっても何か良いことがあるのかもしれない。

スズムシ

直翅目スズムシ科

鳴いているオスを後ろから見たところだ。

左翅の表面。真ん中の左から右に走る太いスジには細かい縦線が入っている。これがやすりである。

昔から飼育されてきた美声の持ち主

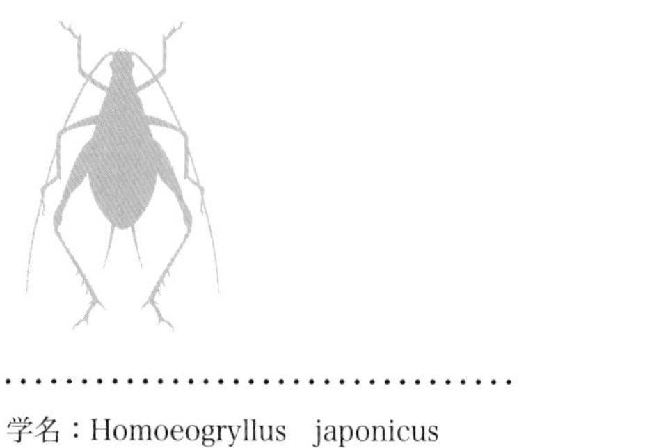

学名：Homoeogryllus　japonicus
分布：本州～九州
環境：草原
体長：約 17㎜

前脚にある小さな窪みが音を聞くための耳である。

スズムシのリーンリーンという声は涼しげで心地よい。スズムシは昔からその声を楽しむために飼育されてきた。古くは平安時代に貴族たちが虫かごに入れ、声を楽しんでいたという。江戸時代の元禄元年には、東京神田で八百屋をやっていた忠蔵という人がスズムシの大量飼育に成功し、人気を博したという。野外では８月末から鳴き出すが、飼育のものは６月頃から出回って楽しませてくれる。

美しい声で鳴くのはオスだけで、前翅を立てて翅を擦り合わせて鳴く。スズムシは右翅が左翅の上に重なっている。左翅の表面には摩擦片と呼ばれる突起があり、これで右翅の裏にあるやすりを擦り合わせて音を出す。

スズムシは鳴くときに翅を立てるが、この時に翅と胴の間にできる空間が共鳴室となり、音を大きくさせて聞こえるようにする役目をする。この音を出す仕組みは、バイオリンなどの弦楽器の仕組みと似ている。

スズムシが鳴くのは他のコオロギ同様にメスを呼ぶためである。だから声を楽しむためにはオスだけ別にして飼う。するとオスはメスを呼ぼうと必死になって鳴くというわけだ。

オオカマキリ

カマキリ目カマキリ科

稲穂の上にはよくオオカマキリがいる。これはその季節、水田にイナゴやアカトンボが多いからだ。アカトンボを頭からバリバリと食べている。

交尾するオオカマキリ。メスの方がずっと大きい。

命がけの交尾

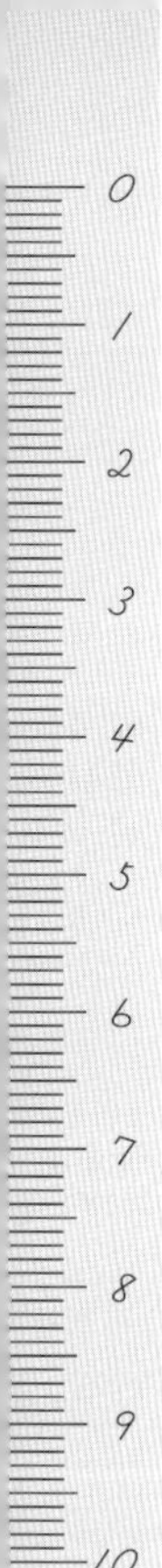

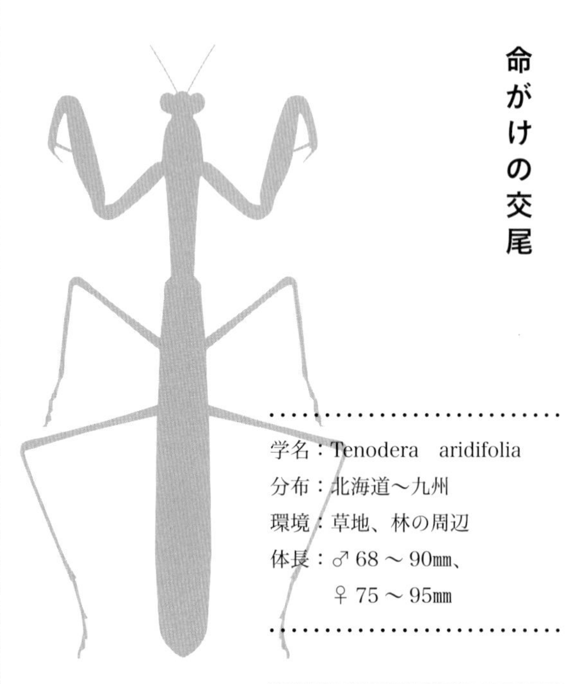

学名：Tenodera　aridifolia
分布：北海道〜九州
環境：草地、林の周辺
体長：♂ 68 〜 90㎜、
　　　♀ 75 〜 95㎜

時にオスはメスに食べられてしまう。

カマキリのような肉食の昆虫のオスは、迂闊にメスに近づけば食べられてしまうこともある。だから交尾は慎重に時と場所を選ばねばならない。そうかといってメスだって交尾しなければ子孫を残せない。カマキリの仲間には、交尾の必要があるメスがにおいを出してオスを呼び寄せる種もあるようだ。ハラビロカマキリのように、交尾しながらオスが食べられてしまう確率の高い種もいる。交尾中のオスはたとえ食べられてもメスと離れることはなく、命をかけてオスとしての役目を果たすのだからすごい。

オオカマキリはオスもメスも目立つ場所に出て、自分の存在を意識させながら徐々に近づき交尾する場合が多い。だからオスが食べられることは稀である。けれどそれでも食べられているオスを見かけることもある。

カマキリは大変に目がよい。前を向いた二つの目は相手との距離を測るのに最適である。二つのレンズで物を立体的に見るには、二つのレンズの間隔の50倍以内が特に立体的に見えるらしい。ちなみに人間の目の間隔は８㎝ほどであるから、４m以内の距離にある物が立体的に見えるということになる。カマキリの場合、目と目の間の距離は４㎜ほどであるから、20㎝以内のものが立体的に見えることになるだろう。カマキリが餌を採るときは20㎝ぐらいから徐々に近づき、鎌の届くところに来たときに正確に鎌を繰り出し仕留める。その速度は速く1/20秒程度であるといわれる。

エダナナフシ

ナナフシ目ナナフシ科

エダナナフシはナナフシと比べて触角が長いのが特徴だ。

ツダナナフシは南西諸島のアダンという植物で見られる大きなナナフシだ。

ヤスマツトビナナフシの顔。トビナナフシは翅を持つナナフシで、秋遅くまで成虫が見られる。

枝に似せて身を守る

学名：Phraortes　illepidus
分布：本州〜九州
環境：林の周辺
体長：♂ 65 〜 82㎜、
♀ 82 〜 112㎜

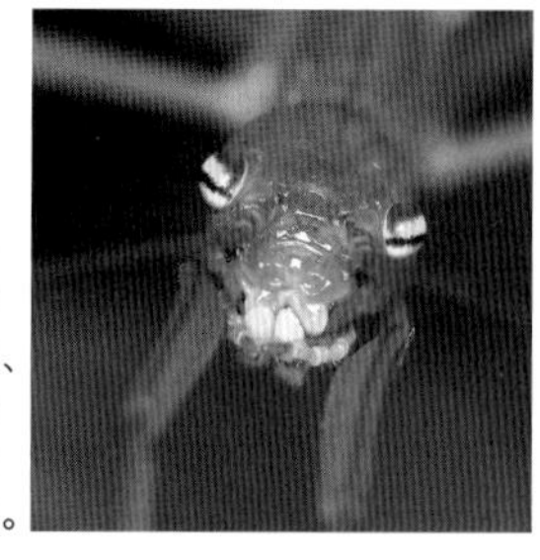

ヤスマツトビナナフシは複眼が飛び出していて、模様もあるのでとてもひょうきんな顔に見える。

ナナフシのことを英語でウォーキング・スティックと呼ぶ。直訳すれば歩く枝ということになる。ナナフシは枝にそっくりになることで、捕食者から身を守る手段を獲得した昆虫だ。昼間はじっと枝になりきってほとんど動かないが、夜になると活動をはじめ、木の葉を食べる。

ナナフシの静止姿勢は前脚をピンと前に伸ばす。前脚の付け根は細くてくぼんでいる。２本の前脚を伸ばすと、付け根にちょうど頭がすっぽりと収まる窪みができる。だからナナフシは、前脚を２本揃えて前に出すことができるのだ。

翅（はね）のあるナナフシの仲間もいて、トビナナフシと呼ばれる。本州ではトビナナフシは夏の終わりに成虫になり、晩秋まで見られる。

西表島で比較的最近見つかったツダナナフシは、オーストラリアなどに分布する、ペパーミントスティックとよばれるナナフシの仲間だ。その名の通り、触るとハッカのにおいのする液を吹きかける。この液を舐めると本当にハッカのような味がする。目に入ったりすると痛いから、外敵に対する防御手段だろう。海岸に多いアダンという葉の厚い植物を食べる。ツダナナフシはおそらく卵が海流に乗って海を渡り、あちこちの島々に棲み着いたのかもしれない。

モノサシトンボ

トンボ目モノサシトンボ科

モノサシトンボのオスとメスがつながったまま産卵しているところ。モノサシトンボは林が近くにある池などに生息する美しいトンボ。

成虫で冬越ししたオツネントンボは春先、池に集まって産卵する。

ルリイロトンボの交尾。信州の高原の池でよく見かける美しいイトトンボ。

ハート型の交尾

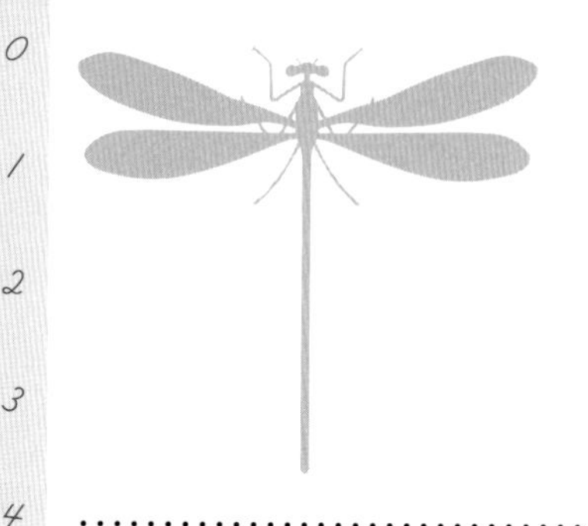

学名：Copera　annulata
分布：北海道～九州
環境：平地～丘陵地の水草の多い池沼
腹長：♂ 31 ～ 39㎜、♀ 32 ～ 38㎜

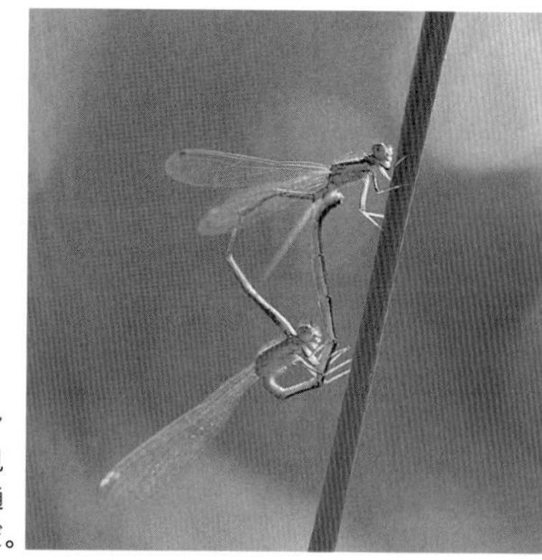

アジアイトトンボは都会でも見られる最も普通のイトトンボだ。

イトトンボの仲間は小型で弱々しく見えるが、他のトンボ同様肉食だ。草むらで草に体当たりして、飛び出す小さな昆虫を捕食したり、小型のクモ類を主なエサにするものもいる。共食いの習性のある種もいて、むしろ一般のトンボより獰猛といえる。

オツネントンボは夏の終わりに羽化し、成虫で冬を越すトンボだ。あんなか細いオツネントンボが、翌年の5月まで生きるのだからすごい生命力だ。

トンボの交尾は他の昆虫と少々異なっている。オスのトンボは腹を曲げて、自分の胸にある副交尾器と呼ばれる器官に腹の先端をあてがい、まず精子をためていく。

交尾の時は腹部先端の把握器でメスの首をつかむ。するとメスは腹部を曲げ、オスの副交尾器にあてがう。これが交尾の姿勢である。イトトンボの仲間は腹部が著しく長く、そのため交尾中の2匹のトンボのシルエットはハート形に見える。ほとんどのイトトンボは、産卵もオスとメスが繋がったまま行う。そのときはオスがまっすぐ棒立ちになるような面白い形になる種類が多い。

オニヤンマ

トンボ目オニヤンマ科

オニヤンマの目を拡大した。

「トンボのメガネは水色メガネ…」の歌がよく似合いそうなルリボシヤンマ。

ギンヤンマの複眼はあまり模様が目立たない。おっとりした表情だ。

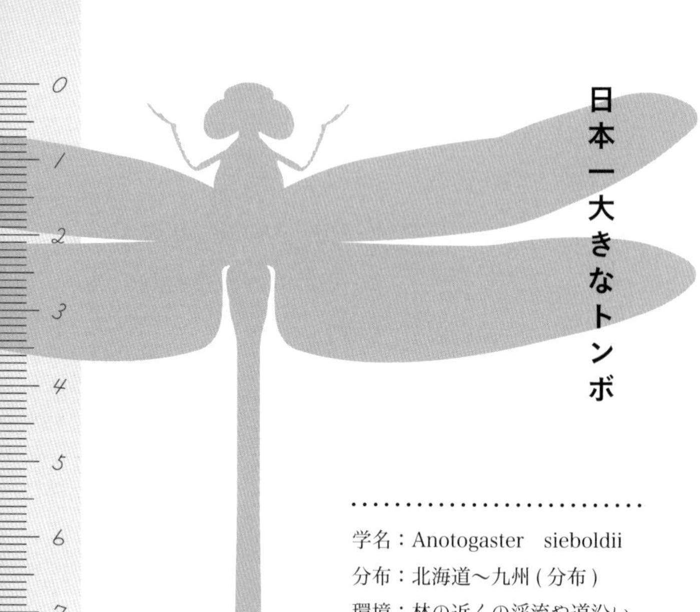

日本一大きなトンボ

学名：Anotogaster　sieboldii
分布：北海道〜九州 (分布)
環境：林の近くの渓流や道沿い
腹長：♂約 70㎜、♀約 80㎜

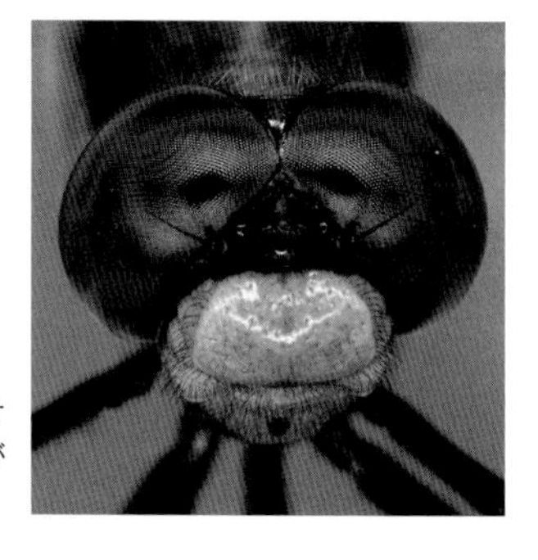

シオカラトンボのオスの顔。顔は白いが複眼は濃い青だ。

オニヤンマは日本最大のトンボである。道上を行ったり来たりしているのはオスで、メスが現れるの待っているのである。

「トンボの目玉は水色メガネ…」という歌詞の歌があるが、トンボは目が大きいから、顔はメガネをかけているようにも見える。トンボの目をよく見ると、ミツバチの巣箱の板のように、小さな6角形がたくさん集まってできていることがわかる。実はこの一つ一つにレンズがついている。トンボの目は1万個もの個眼と呼ばれる目が集まってできているのである。

トンボがどんな風に世界を見ているのかは、トンボにならなければわからない。でも少なくとも物が1万個に見えるわけではない。私たちだって目は二つあるが、ものが2つに見えるわけではない。二つの目はものを立体としてとらえたり、距離を測るのに利用される。だからトンボの目は多分、私たちよりも距離感や立体感に優れたものだろう。空中で一瞬にして虫を捕まえるのもトンボにとったらなんでもないのかもしれない。

トンボは飛ぶのが上手で4枚の翅を自在に動かして、空中で静止もできれば、急旋回もできる。ヘリコプターの動きと似ているが、人間は昆虫にはなかなか追いつけないのである。人間の作った飛行機械と比べれば遙かに優れものである。

アブラゼミ

半翅目セミ科

アブラゼミは都会の公園でもよく見られるセミだ。
サクラの木が特に好きで、街路樹でも多く見られる。

低山地に多いエゾゼミは見かけより可愛い顔をしているように思う。

鳴き声で仲間を集める

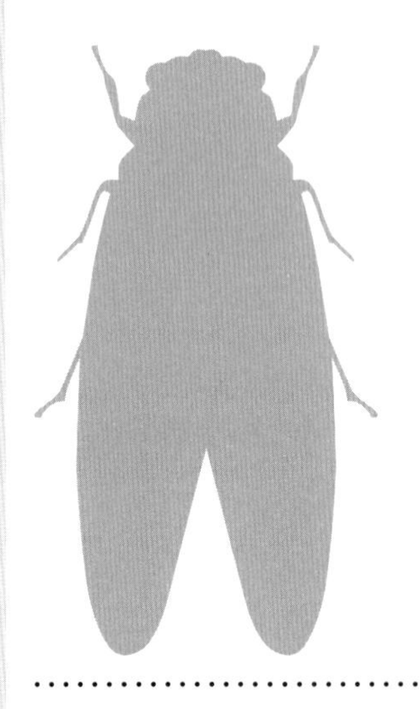

学名：Graptopsaltria　nigrofuscata

分布：北海道〜九州

環境：平地、市街地の樹林、山林、ナシ園

体長：32 〜 40㎜

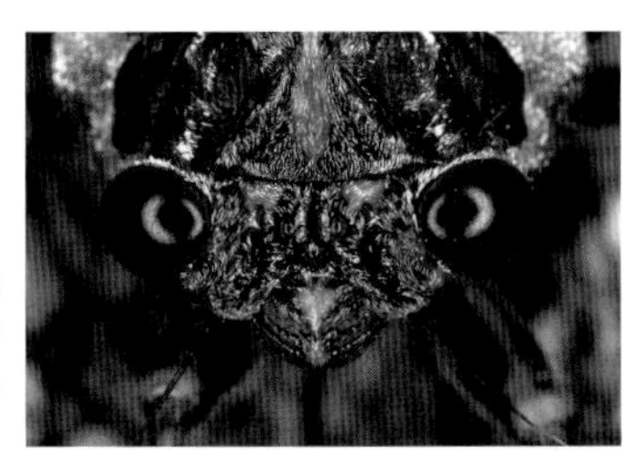

ヒグラシは夕方活動するせいか、複眼が他のセミより大きいように思える。

セミのオスのお腹の中には、発音筋と呼ばれる太い筋肉がある。この筋肉を伸び縮みさせて発音板を上下させて音を出す。胸には共鳴室というがらんどうの空間があって、そこでセミは音を拡大する。

鳴いているセミを見ると、翅（はね）を少し開いて腹部を伸び縮みさせているのがわかる。腹部を伸び縮みさせることで抑揚をつけているようだ。セミが鳴くのは仲間に自分の存在を知らせるためだ。セミは仲間の鳴き声でオスもメスも集まる習性がある。都会などでは生活に好適な木がありながら、土がある場所はかなり少ないので、環境がよい場所には驚くほど多くのセミが集まってくる。

都会で一番多く見られるセミは東京ではアブラゼミとミンミンゼミだが、大阪ではアブラゼミとクマゼミ、九州に行くと圧倒的にクマゼミが多い。

福岡にはクマゼミがたくさん集まる並木があり、1本の木に何十匹ものクマゼミが集まり鳴くのは壮観だ。

セミの食べ物は木の汁だ。セミの口は針のように尖っているが、外から見える口吻（こうふん）を直接木に刺すのではない。口吻の中にさらに細い針があって、それを木に突き刺して汁を吸う。

ミンミンゼミ

半翅目セミ科

桜並木で羽化したミンミンゼミ。上半身を殻から抜き、脚が固まるのを待っているところだ。

ニイニイゼミの抜け殻には常に土がついている。

羽化したばかりのハルゼミはまさに春の妖精といった風情がある。

変身

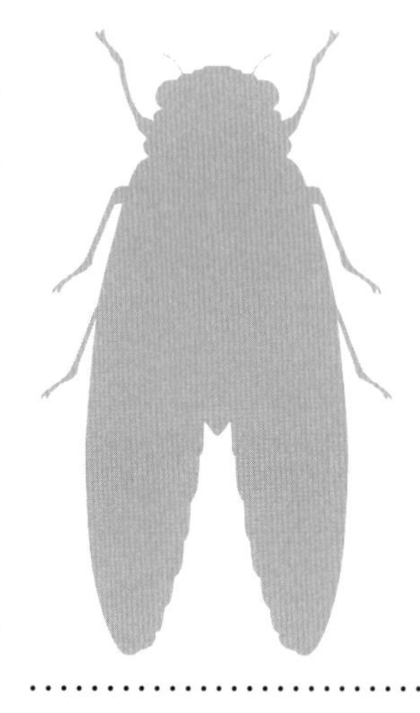

学名：Oncotympana　maculaticollis
分布：北海道〜九州
環境：地から山地の林、都市の公園など
体長：31 〜 36㎜

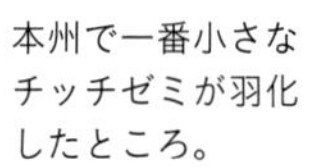
本州で一番小さな
チッチゼミが羽化
したところ。

セミは幼虫期間が極めて長く、そのわりに成虫の寿命は短い。セミの寿命は1週間ぐらいと思われがちだが、だいたい3週間は生きる。といっても幼虫期間はアブラゼミなどでは5年もあるから、やはり成虫の寿命ははかないといえる。

セミの卵は木の枝や幹に産み込まれる。ミンミンゼミやアブラゼミの卵は翌年の梅雨の頃に孵(かえ)る。孵化(ふか)した幼虫は地面に潜り、木の根にとりつき、根から汁を吸って成長する。羽化(うか)が間近になったセミの幼虫は、地面に穴を開けて地上の様子をうかがいながら数日過ごす。

羽化の日、日が暮れた頃に穴からはい出した幼虫は木に登り、しっかりした足場を見つける。体を揺すってツメを木にしっかりと立てると動かなくなる。30分ほどで背中の皮がわれ、いよいよ羽化の開始だ。反り返るように出てきたセミは逆立ちしたような形になると、また30分ほど休む。これは脚が固まるのを待っているのだ。

やがて突然起きあがると、殻にとまり腹部を幼虫時代の殻から完全に抜く。すると縮んでいた翅(はね)があっという間に伸びてくる。羽化したてのセミはほとんどの種類は翅が真っ白で美しい。

ツマグロオオヨコバイ

半翅目オオヨコバイ科

頭に一方通行のような矢印マークのあるツマグロオオヨコバイ。

胸にフクロウの耳のような突起があるのでミミズクという名がついたのであろう。

小さなセミ

学名：Bothrogonia　ferruginea
分布：本州〜八重山
環境：林緑部
体長：約 13㎜

雪の降る頃にふわふわと舞うユキムシ（ワタムシ）と呼ばれるアブラムシの仲間。

ツマグロオオヨコバイは都会でも、イタドリやヤツデなどの葉に普通に見られるかわいらしい昆虫だ。ヨコバイというのは、この虫の仲間は横に歩く習性があるからだ。

ツマグロオオヨコバイはセミの仲間だ。半翅目(はんし)の同翅亜(どうし)目の昆虫で、アブラムシ、ツノゼミ、ヨコバイなどがこの仲間に属する。同翅亜目の昆虫は植物の汁を吸って生活している。セミのように音でコミュニケーションしているのも知られるが、セミを除き、人間の耳に聞こえるような声で鳴くものはほとんどいない。

ユキムシは晩秋にまるで雪が降るように飛んでくるので「雪虫」と呼ばれる。雪虫と呼ばれる昆虫は何種類かいるようだが、全て半翅目の昆虫のようだ。半翅目の昆虫は体から蝋(ろう)のような物を出すことができる。それで雪虫は白くてふわふわして見えるのである。

セミの仲間は植物にとっての寄生虫のようなものでいやな存在だ。けれどセミの仲間がつくことで、植物が枯れることはあまりない。というのは、枯らすまで吸い尽くせば汁を吸っている昆虫そのものも生きていくことができないからだ。

アカスジカメムシ

半翅目カメムシ科

アカスジキンカメムシはミズキなどの木で5～6月に多く見られる、大変美しいカメムシだ。

クマノミズキの実から汁を吸うエサキモンキツノカメムシ。背中に黄色いハート模様がある。

エサキモンキツノカメムシのメスは、卵が孵化するまで卵に覆い被さって、外敵から守る。

くさいにおいで身を守る？

学名：Graphosoma　rubrolineatum
分布：北海道〜九州
環境：草地
体長：約 10㎜

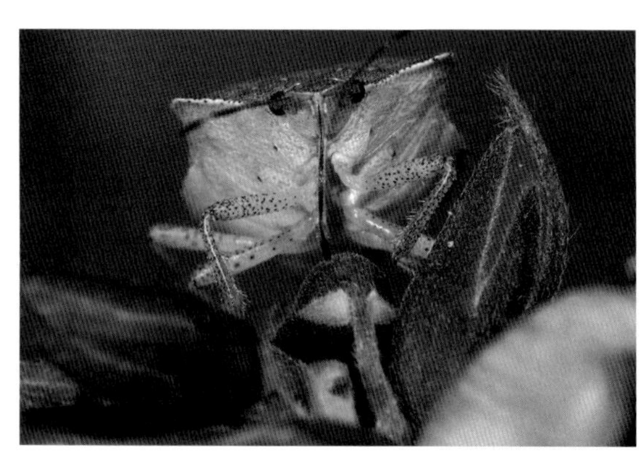

ブチヒゲカメムシは背中側は焦げ茶色をしていて地味だが、触角がまだらで、腹側はきれいな白色。おしゃれなカメムシだ。

カメムシの仲間は半翅目異翅亜目の昆虫である。同翅亜目のセミの仲間は、成虫と幼虫では異なる生活パターンを持つものが多いが、カメムシは幼虫も成虫もほとんど変わらない生活をしている。

カメムシのほとんどの種類は植物から汁を吸う。種類によって好む植物が決まっているものも多い。アカスジカメムシはセリ科の植物の種を好む。細い口を実に突き刺して汁を吸う。幼虫はセリ科植物でのみ成長ができるようだが、成虫はフランスギクなどの花に集まって蜜を吸うことも多い。

クチブトカメムシのように他の昆虫を襲って、その体液を吸う肉食のカメムシもいる。サシガメ科のカメムシは昆虫や動物の体液を吸う種がほとんどだ。俗にナンキンムシと呼ばれるトコジラミもサシガメに近い仲間である。

カメムシの仲間は集団で暮らすものが多い。カメムシは触るとくさいにおいを出すが、このにおいは外敵を追い払うだけではなく、仲間のコミュニケーションの手段としても使われている。そのにおいをかいで仲間が集まったり、また危険を察して集団が離散したりするのである。

カメムシの中には卵を保護する種類も多い。ツノカメムシやキンカメムシの仲間のメスは卵の上に覆い被さるようにして、卵が孵化するまで守る。外敵が近づくとくさいにおいを出したり、翅を震わせたりして敵を追いはらう。

アメンボ

半翅目アメンボ科

水に浮いているアメンボ。体は水面から離れていることがよくわかる。脚先だけで水に浮いているから、すいすいと泳げるのだ。

上からアメンボを見ると、水の表面張力によってアメンボが浮いていることがよくわかる。

泳ぎの名人

学名：Gerris　paludum

分布：日本全国

環境：池や沼などの止水域や流れの緩やかな川

体長：11 ～ 15㎜

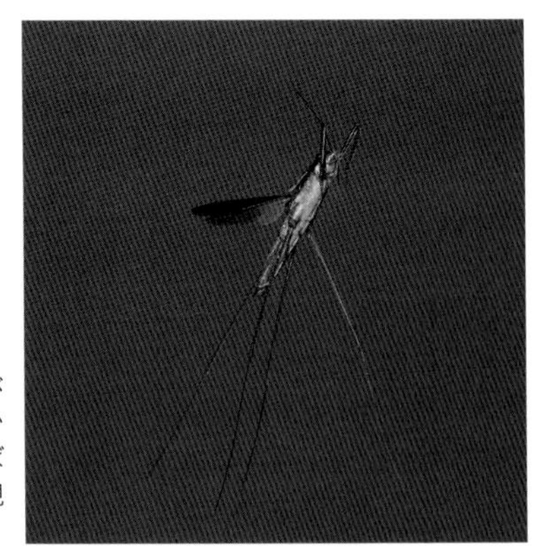

アメンボは空を飛ぶことができる。だから水たまりがあればどこからともなく現れてくるのだ。

雨が降って水たまりができれば、どこからともなくアメンボが現れる。水中に生息する昆虫は飛びそうには思えないものも多いが、その多くは飛ぶことのできる翅(はね)を持っていて、好適な環境を求めて移動する。

アメンボは水たまりより少し大きな池や田んぼなど、どこででも見られるアメンボの仲間だ。上から見ると脚が4本に見える。前脚をオールをこぐように動かし、水面を滑るように自由に動き回る。後ろ脚は体を支え、進行方向を決める役目もする。脚には細かい毛があって水をはじく。アメンボは表面張力で水に浮いている。洗剤などが水に混じると、洗剤に含まれる界面活性剤の影響を受けてアメンボはおぼれてしまう。

前脚は短く、水面で体を起こすときの支えに使ったり、水に落ちた昆虫などを押さえる役目をしている。虫を捕えると鋭い口を突き刺して体液を吸う。

アメンボのにおいをかぐとちょっとくさいが、飴のようなにおいがする。飴のようなにおいのする棒のような形の虫、これがアメンボの名前の由来だ。

シロタニガワカゲロウ

カゲロウ目ヒラタカゲロウ科

シロタニガワカゲロウのオス。目にある黒点は偽瞳孔と呼ばれるもので、こちらが見る方向に現れる。

シロタニガワカゲロウの亜成虫。翅が黒っぽい。水辺から離れてから羽化したほうが安全なのだろうか。

カゲロウの仲間が亜成虫から成虫に脱皮したところ。羽化したあと、一度亜成虫としてしばらく飛んでから成虫になる。

二度羽化する変わり者

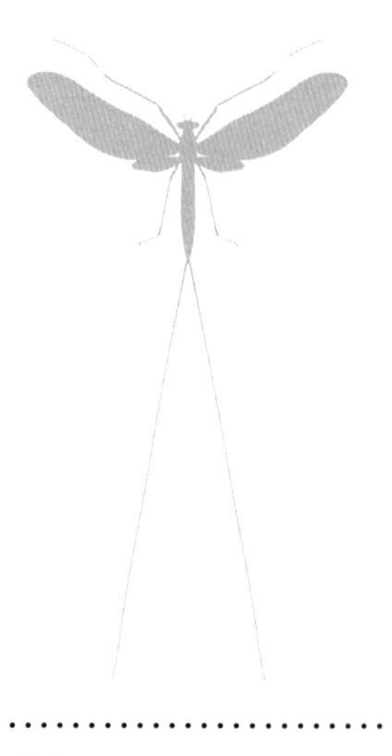

学名：Ecdyonurus　yoshidae
分布：本州～九州
環境：河川の近く
体長：約 12㎜

フタオカゲロウの仲間は早春に活動し、川の畔で交尾している姿をよく見る。

カゲロウの仲間の幼虫は川の中に棲んでいる。ウスバカゲロウやクサカゲロウとはまったく異なったグループの昆虫だ。カゲロウの仲間は昆虫の中ではもっとも古くから生息していた昆虫で、ゴキブリやトンボとともに生きた化石でもある。

カゲロウは弱々しく飛翔し、ヤマメなどがジャンプして捕らえている姿をよく見る。電灯に多数の個体が群れることがあるが、翌日にはおびただしい数の死骸が落ちている。カゲロウの命はとても短いようだ。

カゲロウは川の石の上などで羽化するが、羽化(うか)したものは実はまだ成虫ではなく亜成虫と呼ばれる特別な存在だ。川から飛び立ち、植物の上に移り、そこで再び脱皮して成虫になるという変わった生活をしている。

タニガワカゲロウの仲間は川に近い草の上で立ち上がるようにしてとまっている。その姿はなかなかユーモラスだ。オスは目が大きく、前から見るとなんだか宇宙人みたいで愉快である。

コブハサミムシ

ハサミムシ目クギヌキハサミムシ科

子どもがやっと孵った。でもこの後に待ち受ける母親の運命は残酷だ。

自分の子どもたちに食べられてしまった母親。

親の鑑？

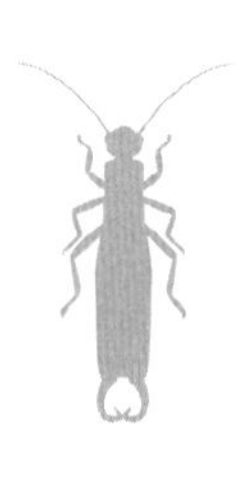

学名：Anechura　harmandi

分布：本州～沖縄

環境：林の周辺

体長：12 ～ 20㎜

親の鑑？

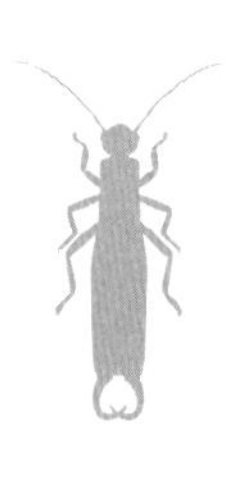

学名：Anechura　harmandi
分布：本州～沖縄
環境：林の周辺
体長：12 ～ 20㎜

親の鑑という言葉がある。親が苦労しても子供を立派に育てる人のことをいう。また子は親の鏡ともいう。こちらは同じかがみでも、鑑ではなくて鏡のほうだ。子を見れば親が分かるといったときに使う。ハサミムシは不完全変態の昆虫であり、子は親と似た形をしているから子は親の鏡である。

ハサミムシは石の下などに穴を掘って棲んでいる昆虫で、母親が卵や子供の世話をするので有名だ。卵をまめに並べかえたり、舐めたりする。じめじめした暗いところに棲んでいるので、卵にカビがはえたりするのを防いでいるのだといわれている。卵から孵った幼虫もしばらくの間、母親といっしょに暮らす。アリなどの天敵が巣穴に入ってくると、母親は果敢に闘って撃退しようとする。

ハサミムシの母親のすごいところは、その保育の期間、何も食べないことである。やがて母親は力つきて弱ってくる。すると、まだ生きているのにも関わらず、子供たちがよってたかって母親を食べてしまうのだ。最初は体を動かして振り払おうとするが、そのうちに力つきてしまう。自らの体を子供たちの餌にするのである。親の鑑といえるであろうか。

著　者
海野和男（うんの　かずお）

1947年、東京生まれ。東京農工大学農学部卒業後、熱帯雨林に通い、昆虫の魅力を伝えたいと、昆虫写真を撮り続けている。1990年よりアトリエのある長野県小諸市で身近な自然を記録している。ホームページ「小諸日記」では、1999年より写真にコメントをつけ、17年間毎日更新している。写真集、「昆虫の擬態」（平凡社）で1994年日本写真協会賞受賞。日本自然科学写真協会会長、「生きもの写真リトルリーグ」実行委員会委員長。『世界のカマキリ観察図鑑』（草思社）、『自然のだまし絵　昆虫の擬態』（誠文堂新光社）など、著書多数。

カバー＆本文デザイン　志村　謙（Banana Grove Studio）

本書は『昆虫顔面図鑑＜日本編＞』（2010年6月／小社刊）を文庫化したものです。

昆虫顔面図鑑

2016年5月26日　初版第一刷発行

著　者………………海野和男
発行者………………岩野裕一
発行所………………実業之日本社
〒104-8233　東京都中央区京橋3-7-5 京橋スクエア
電話（編集）03-3535-2393
（販売）03-3535-4441
http://www.j-n.co.jp/
印刷所………………大日本印刷
製本所………………大日本印刷

ISBN978-4-408-45669-0（学芸）